MANUTENZIONE ANTINCENDIO DA INCUBO

Scopri tutto quello che devi sapere
per gestire la manutenzione antincendio
nella tua azienda e nel condominio senza rischiare
di prendere multe salate e finire in galera.

Alessio Miliani

Progetto grafico
Marika Manetta

Editing letterario
Anna Ianniello

Copyright © 2020 Alessio Miliani
Località Asca, 61 - 57025 Piombino (LI)
natalini@antincendionatalini.com
www.manutenzioneantincendiodaincubo.com

INDICE

	Ringraziamenti	4
	Prefazione di Piernicola De Maria	6
	Introduzione	10
1	Il ruolo della manutenzione antincendio nella tua azienda	24
2	Il manutentore antincendio	42
3	Il ruolo cruciale della progettazione antincendio per la tua attività	62
4	La sicurezza antincendio all'interno dei condomini	86
5	La manutenzione degli estintori	102
6	La manutenzione delle reti idranti	122
7	La manutenzione degli impianti sprinkler	138
8	La manutenzione dei gruppi di spinta	148
9	La manutenzione di porte e portoni tagliafuoco	166
10	La manutenzione degli impianti automatici di rivelazione incendi	182
11	La manutenzione degli impianti a estinguente gassoso	196
12	La manutenzione degli impianti di protezione antincendio water mist	208
13	La manutenzione degli evacuatori di fumo e calore	216
14	La segnaletica di salute e sicurezza sul lavoro	228
15	Gli impianti a schiuma	236
16	Gli impianti aerosol	252
17	Stai rischiando di bruciarti con la manutenzione antincendio?	260
18	Bonus: Ho un regalo per te, anzi più di uno!	278
	Conclusione: A te la scelta, capitano!	284

RINGRAZIAMENTI

I miei ringraziamenti vanno a tutti i miei colleghi, che sono parte integrante del percorso lavorativo e anche di vita, lottiamo ogni giorno insieme per cercare di fare il nostro lavoro sempre meglio.

Ringrazio la mia famiglia, che mi ha iniziato a questo bellissimo mestiere e mi ha messo nelle condizioni di poter procedere in questo cammino, con un grande sostegno durante tutto il percorso intrapreso.

Ringrazio tutti i nostri fidati partner commerciali, ci assistono e ci danno sostegno da anni, sono compagni di viaggio indispensabili per poter creare un progetto vincente.

Voglio poi ringraziare tutti i mentori che ho incontrato nel percorso, perché ognuno ha aggiunto alla mia esperienza un piccolo tassello che mi ha permesso di arrivare fino a qui e mi ha consentito di spingermi ancora oltre per il futuro.

Infine, voglio ringraziare Piernicola De Maria per i suoi preziosi insegnamenti e per il suo tempo speso nella stesura della prefazione a questo libro.

PREFAZIONE

Durante la mia carriera, e nel lavoro di tutti i giorni, ho sempre avuto a che fare con i problemi degli imprenditori. È il mio mestiere, risolvo i problemi agli imprenditori.

Sicuramente, ci sono aspetti importanti a cui prestare attenzione, come l'organizzazione aziendale, l'aumento dei profitti, l'ottimizzazione delle tasse e tutto ciò che riguarda l'efficienza.

Ma c'è un aspetto molto più critico di altri, su cui mi ritrovo spesso a scontrarmi di più per scardinare certe convinzioni, perché è uno dei problemi su cui gli imprenditori fanno più fatica a cambiare prospettiva, in una parola, la delega.

Non si tratta solo di prendere un qualsiasi incarico e affidarlo a un collaboratore o a un assistente. Parlo, invece, di capire quali siano i task più importanti e strategici da tenere sotto controllo personalmente, quelli su cui lavorare e concentrarsi per far crescere davvero l'azienda e identificare invece quelli meno significativi, così da affidarli ad altre persone e risparmiare tempo.

Solo così l'imprenditore ha la capacità di concentrarsi veramente su quello che conta per la crescita aziendale.

Per la legge di Pareto 80/20, il 20% delle cose che fai porta l'80% dei risultati. Ecco, la capacità di delegare sta alla base di questo pilastro di ogni imprenditore di successo.

Tuttavia, quando si parla di delega, l'imprenditore italiano ha molta difficoltà, perché da noi in Italia vige il dogma: "Come lo faccio io, non lo fa nessuno". E così tantissimi imprenditori si ritrovano con carichi di lavoro proibitivi e ripetitivi: ore e ore passate in azienda senza poi vedere i frutti di tutto quell'impegno.

È una tendenza distorta e molto diffusa, che inchioda molte imprese italiane nella condizione di essere troppo piccole per competere sul mercato.

Applicando questa logica nell'antincendio, possiamo distinguere poi due tipi di deleghe: quella verso il basso, quando vai a delegare un compito che sai fare, ma che affidi a un altro, proprio perché in questo modo sblocchi del tempo da dedicare a incarichi ben più importanti per l'azienda; e la delega verso l'alto, cioè quando non hai le competenze per svolgere un compito e magari non sai neanche di cosa si tratti, ma lo devi comunque delegare.

PREFAZIONE

L'imprenditore si trova nella necessità di dover far eseguire a qualcuno le manutenzioni antincendio nella propria azienda, ma non sa esattamente cosa debba essere fatto. Così, spesso, per risolvere rapidamente, si affida al primo manutentore disponibile.

Questo genera un grosso problema che però è stato risolto con questa guida: il problema di delegare alla cieca.

L'imprenditore non si rende conto bene cosa stia esattamente delegando, perché non ha mai fatto il processo di manutenzione dalla A alla Z, quindi delega in maniera del tutto inconsapevole.

All'interno dei processi aziendali, ritengo che la manutenzione antincendio sia un aspetto strategico e vitale, proprio perché abbassa la possibilità di danni catastrofici.

Il rischio incendi è costante ed è un po' come un terremoto, quando arriva ti butta al suolo la casa. Ma la corretta manutenzione e prevenzione riducono o azzerano i danni.

Sicuramente, ogni imprenditore deve tener conto del corretto modo di delegare la manutenzione antincendio, come un aspetto vitale per la propria azienda.

Per farlo, basta seguire passo per passo questa guida, che ti dà degli strumenti pratici ed essenziali per valutare al meglio la situazione attuale e passare in serenità al modello più evoluto e tutelante per te oggi sul mercato: il *Sistema Manutenzione Protetta*®.

Piernicola De Maria

INTRODUZIONE

Sono nel mondo della manutenzione antincendio da quando ho memoria, fin da quando ero piccolo, come succede nella maggior parte delle aziende familiari italiane. Al tempo, ricordo che ero sempre diviso tra scuola, ufficio e officina perché essendo ancora un bambino piccolo non potevo stare solo, mentre i miei erano sempre lì a lavorare. La naturale conseguenza è stata un'infanzia passata in larga parte tra gli estintori.

In pratica, uscivo da scuola e passavo i pomeriggi in azienda, perché portare avanti un'impresa è una cosa ardua e impegnativa, che porta via anche tanto tempo. La mia famiglia era sempre lì a condurre l'impresa, era la nostra casa. E lo è ancora.

Così, sono cresciuto in ufficio con mia madre e in officina con mio padre. Ecco spiegato molto semplicemente perché ho sempre partecipato alla vita dell'azienda, ne ho vissuto l'evoluzione, il rapporto con i clienti e i loro problemi. Da piccolo, il primo impegno era la scuola e i compiti ma, mentre mi dedicavo all'istruzione, ero sempre circondato da fatture da fare e preventivi. Quelle parole tecniche e specialistiche mi risuonavano in testa tutti i giorni e, nonostante non me ne rendessi ancora conto, stavo già imparando.

Per me era un mondo tutto da scoprire. Così, scorrazzavo di qua e di là per l'officina e presto, oltre a fare i compiti, cominciai anche a maneggiare bombole, estintori, manichette, raccordi... L'antincendio mi è entrato nel sangue in modo del tutto naturale, ci sono cresciuto insieme, e quel mondo è cresciuto e cambiato con me.

Tuttavia, la mia passione e dedizione per questo campo si è sviluppata soprattutto in seguito a un episodio ben preciso, infatti nonostante mi fossi inserito nel mondo antincendio in maniera naturale, c'è stato qualcosa che ha fatto scattare in me una molla, e ha acceso in me un sogno. Tutto è iniziato da mio padre, che è il mio eroe, lui era un pompiere.

Un giorno, lo ricordo come fosse ieri nonostante allora fossi solo un bambino, mio padre ricevette una chiamata per intervenire in un incendio in un capannone e, come tutte le volte, il mio eroe uscì di casa nel cuore della notte per andare a fare il suo lavoro. Mio padre era il capo del distaccamento e nonostante quel giorno fosse a riposo, dovette comunque recarsi sul luogo dell'incendio, in quanto in casi di incendi gravi viene sempre chiamato il responsabile. Quando la sua squadra arrivò sul luogo dell'intervento, l'incendio al capannone era già di dimensioni abbastanza importanti, tanto da far paura a chiunque si trovasse nelle vicinanze. I pompieri sono speciali, devono intervenire anche se hanno paura, ce l'hanno nel sangue. Alcuni membri della squadra entrarono nel capannone con l'intento di utilizzare gli idranti in dotazione alla struttura per poter spegnere le fiamme, ma non potevano sapere che le pompe antincendio erano fuori uso e gli idranti a secco d'acqua!

A questo punto, la squadra presa alla sprovvista cambiò immediatamente strategia ma in quei pochi minuti, che a loro devono essere sembrati un'eternità, mio padre ha rischiato di essere travolto da un pezzo di copertura venuto giù dal soffitto.

Hai presente le scene dei film dove c'è un incendio enorme, tutto va in fiamme, cadono pezzi di soffitto infuocati, il fumo impedisce di vedere più in là dei propri piedi? Ecco, era esattamente come te lo stai immaginando, solo che nessuno aveva detto: "Ciak, azione" e non esisteva la controfigura per le scene pericolose.

Quella sera ho rischiato di perdere mio padre a causa di un

impianto antincendio fuori uso e, nonostante i pompieri siano riusciti alla fine a domare l'incendio con grande maestria, l'imprenditore proprietario del capannone ha perso tutta la sua azienda in appena due ore.

Tutto questo è accaduto a causa di un impianto antincendio non funzionante, proprio quando serviva.

Fui come folgorato da quell'evento, non potevo permettere che persone in gamba come mio padre potessero rischiare la vita per colpa di truffatori senza scrupoli, persone che per pochi soldi mettono a repentaglio la vita di centinaia di persone.

Da quel momento, costruire l'azienda di manutenzione antincendio che tutelasse la vita delle persone invece che metterla a rischio è stata la mia missione di vita. In questo mi ritengo molto fortunato perché mia madre, invece, stava portando avanti l'azienda di famiglia che si occupava di manutenzione antincendio.

#intro

Tutto è cominciato in un piccolo fondo di 60 metri quadri ma nonostante i mille impegni e i figli piccoli – io e mio fratello – i clienti piano piano iniziavano ad aumentare.

Questo mi ha permesso di fare pratica con l'antincendio fin da piccolo, perché i pomeriggi dopo scuola ero spesso in azienda con mia madre che non mi poteva lasciare da solo a casa.

Fin da quando ho iniziato a fare i miei primi lavoretti nel doposcuola, ho sempre avuto un sogno: rendere grande questa azienda e farlo in modo etico per i clienti, con la ferrea volontà di raggiungere questi obiettivi.

Purtroppo, questo settore è popolato da persone di dubbia competenza ed etica professionale, certo accade un po' in tutti i settori, ma non trovo giusto giocare con la vita delle persone per soldi.

Le manutenzioni, quindi, molto spesso finiscono per essere dei semplici cambi di cartellino e gli incendi non si spengono mostrando dei cartellini alle fiamme.

I pompieri molto spesso sono costretti a pagare il prezzo di queste truffe a volte con la vita, infatti le normative sono molto precise e dettagliate, ma vengono disattese in continuazione. Ma ricordati sempre che sei tu quello che paga se l'impianto antincendio non funziona.

Nonostante tu paghi qualcuno per avere una manutenzione fatta a regola d'arte, purtroppo come ti ho dimostrato può accadere – anche se tu sei in buona fede – di perdere la tua attività per un incendio, di prendere multe molto salate per un controllo a sorpresa oppure di vederti chiudere l'attività.

Tutto questo può accadere nonostante tu continui a dare soldi a qualcuno per controllare le tue dotazioni antincendio e nonostante tu pensi di essere a posto.

Sognavo un sistema che mettesse la parola fine alle truffe e portasse finalmente trasparenza ed etica in questo settore, un modo nuovo di fare manutenzione antincendio, talmente sicuro per te da eliminare completamente il rischio di multe e incidenti dalla faccia della terra.

Come potevo tutelare al massimo il cliente? Come poteva essere sicuro che tutto funzionasse? Queste domande erano all'ordine del giorno per me. Lo ammetto, ne ero ossessionato e ti confesso che per un bel po' sembrava un vicolo cieco.

Volevo fare i lavori nella maniera corretta, volevo che il cliente fosse partecipe delle questioni di sicurezza nella sua azienda, eppure mi ritrovavo solo con clienti che chiedevano sconti, che assegnavano i lavori ai meno costosi nel mercato. Perché ai loro occhi siamo tutti uguali?

Eppure io avevo potuto sentire il terrore di perdere una persona cara e, cosa ancora più terribile, a causa di impianti non funzionanti.

Allora un giorno mi è venuta l'idea: e se fossi io il primo a garantire in maniera scritta e non solo a voce l'operato svolto? Se per una volta il cliente fosse davvero tutelato con una solida garanzia? Così è nato il sistema, da un'intuizione assolutamente fulminea.

In fondo, anche se sono sicuro di fare le manutenzioni nella maniera corretta, col massimo dell'impegno e dedizione, credo che l'errore capiti per tutti prima o poi.

Lo sviluppo della polizza che mi sono fatto fare appositamente è durato più di un anno, infatti non è standard, l'ho dovuta creare su misura per noi.

Piano, piano gli imprenditori hanno iniziato a capire il valore di una buona manutenzione e hanno iniziato a chiederci la polizza invece dello sconto! Diciamocela tra di noi, il livello dei fornitori in Italia è talmente basso che nessuno mai ti garantisce nulla, nemmeno se paghi!

Quasi tutte le aziende sono pronte a sparire al primo problema, l'importante è che tu paghi!

Ecco perché è nato il *Sistema Manutenzione Protetta*®.

Come ti ho raccontato, fin da piccolo sono stato immerso nel mondo dell'antincendio e ne ho vissuto, infatti, l'evoluzione dagli anni '80 ad oggi. Le manutenzioni a quei tempi non erano così dettagliate come adesso. In tanti casi, addirittura non c'era neanche l'obbligo di avere delle dotazioni antincendio all'interno delle aziende. Non esisteva l'impianto normativo come esiste oggi, era tutto molto lasciato alla discrezionalità delle persone. Non bisognava rispettare scadenze fisse e controlli precisi, come invece succede oggi. Spesso la manutenzione si limitava a un'ispezione annuale e, solo in caso di danni o problemi, avveniva un successivo intervento di riparazione e messa a punto.

Fonte foto: https://www.quotidianopiemontese.it/2017/12/04/10-anni-fa-la-strage-alla-thyssenkrupp-la-storia-dellincidente-in-cui-sono-morte-7-persone/

Negli anni, però, grazie alla divulgazione tramite corsi e seminari e al lavoro fatto dalle aziende di manutenzione sul territorio, c'è stata una notevole evoluzione rispetto agli anni '80, sia sotto il profilo dei controlli che per quanto riguarda l'impianto normativo. Inoltre, è aumentata la sensibilità delle persone, che oggi sono molto più attente ai temi della sicurezza antincendio.

Posso, quindi, dire che c'è stata una crescita in positivo nell'ambito della sicurezza antincendio. Oggi, inoltre, il 99% delle attività sono obbligate ad avere le dotazioni antincendio, anche a causa d'incidenti importanti, come ad esempio il caso Thyssen Krupp. In questo modo, è stato possibile imparare la lezione e fare della sicurezza antincendio un punto fondamentale per le PMI.

Antonio Boccuzzi, fonte: https://www.vanityfair.it/news/diritti/2017/12/05/thyssenkrupp-dieci-anni-dopo-antonio-boccuzzi

In questi oltre vent'anni di attività, ho cercato di stare al passo con quella che è stata la rivoluzione tecnica dei prodotti in commercio e delle soluzioni via via sempre migliorative. Ma soprattutto ho seguito anche la parte tecnico-normativa, che è forse l'aspetto più impegnativo, poiché non solo occorre sapere che una norma è stata aggiornata, ma serve anche rivedere e modificare le procedure di manutenzione ed aggiornare il personale in modo tempestivo.

Stare al passo col mondo antincendio oggi è diventato molto complesso e settoriale. Servono specialisti che si dedichino solo a quello.

Questa è sicuramente una delle difficoltà maggiori per gli addetti ai lavori: essere sempre aggiornati su prodotti, normative ed avere un approccio ingegneristico all'antincendio, perché (e non mi stancherò mai di dirlo, abituatici) è una materia estremamente dinamica, che specialmente negli ultimi 10 anni è stata protagonista di un rapidissimo processo di evoluzione tecnologica e normativa. Stare al passo richiede una grande quantità di energia, di studio e impegno da parte di tutti gli attori che ne sono coinvolti: progettisti, installatori, manutentori...

Tuttavia, anche l'imprenditore dev'essere coinvolto in tutto questo, perché nell'ambito della prevenzione incendi esiste un contrasto fra quello che è l'imprenditore e il mondo degli addetti ai lavori. Molto semplicemente, "ce la suoniamo fra di noi". E da un certo punto di vista, è normale. Insomma, non sono certo argomenti entusiasmanti per tutti. Ognuno ha il proprio lavoro da portare avanti e a quello deve pensare, però si crea un'anomalia.

Quando si parla di prevenzione incendi, non bisogna dimenticare che il titolare dell'attività, che tipicamente è il datore di lavoro, è responsabile della sicurezza dei lavoratori e della manutenzione, così come stabilito dal decreto ministeriale 81/08 e da altri decreti correlati.

Pensaci. Se mi perde un rubinetto dell'acqua di casa, posso chiamare l'idraulico; il massimo che può succedere è che io abbia una perdita d'acqua all'interno della cucina e mi si allaghi tutto. È un danno contenuto, di sicuro non muoio.

La sicurezza antincendio per l'imprenditore invece è un asset strategico, perché con una buona gestione della manutenzione si riesce ad abbattere il rischio d'impresa, in quanto un incendio mal gestito può radere facilmente al suolo qualunque attività. Quindi, che senso ha non occuparsene, se si tiene alla propria azienda?

L'imprenditore deve diventare parte integrante di questo processo. Ma, nell'ambito della prevenzione incendi, gli addetti ai lavori tendono a escluderlo.

I manutentori e i tecnici che rivedono le normative fanno seminari, tavoli di discussione, redigono nuove normative.

Se da un lato questo tipo di lavoro è necessario e importante, dall'altro si vedono ancora manutenzioni non eseguite e impianti non funzionanti.

L'imprenditore, o l'amministratore in generale, è colui che ha il potere di spesa ma è anche colui che è più all'oscuro di cosa succede nella propria azienda quando si parla di sicurezza antincendio.

È il responsabile, ma il più delle volte è inconsapevole vittima di manutenzioni mal fatte. Questo contrasto oggi esiste ed è molto pericoloso, da un lato ci sono norme che cambiano alla velocità della luce, dall'altro ci sono amministratori non consapevoli delle proprie responsabilità e dei rischi a cui vanno incontro.

Io voglio rompere questa consuetudine e far raggiungere all'imprenditore un più alto livello di consapevolezza, insegnandogli a prendere decisioni giuste, sulla base d'informazioni che potrà raccogliere proprio in questo manuale, perché alla fine, per quanto riguarda l'antincendio, l'imprenditore è penalmente e civilmente responsabile di tutto quello che viene fatto nella sua attività. Questo è un principio cardine, che va sempre tenuto in considerazione. Sempre. È una premessa fondamentale.

Il datore di lavoro, quindi, è responsabile della sicurezza antincendio, ma certo non può occuparsene in prima persona. Deve sicuramente delegare la manutenzione antincendio a un manutentore.

Si ritrova, quindi, degli impianti antincendio a cui fare manutenzione: un paio di estintori, due porte tagliafuoco e un impianto di rivelazione fumi, tutte cose in cui certo non è competente.

Così chiama un'azienda che faccia questo lavoro e se ne occupi per lui. Tutto bene, certo, ma non si tiene conto di un punto: l'imprenditore va a delegare questo tipo di servizio senza conoscerlo esattamente. Così delega al meno costoso.

Questo avviene perché per gli imprenditori o amministratori è estremamente complicato essere aggiornati su queste cose. Fanno lavori completamente differenti da quello che è l'antincendio e hanno già mille cose di cui occuparsi, però allo stesso tempo sono responsabili penalmente e civilmente della sicurezza, quindi devono essere consci di questo.

Ecco perché è nato questo libro, per fornire gli strumenti per avere una conoscenza di base e capire come delegare la manutenzione a un manutentore antincendio. Non si può delegare una cosa che non è mai stata fatta in prima persona, in quanto in questo caso stai delegando delle operazioni che non conosci. Questo è un grandissimo problema.

Questa lettura ti spiegherà gli aspetti tecnico-normativi, con un linguaggio però più semplice. Voglio chiarirti come fare le manutenzioni, cosa debba essere controllato di ogni impianto e, se hai un manutentore incendio, cosa controllare del suo operato.

Tutto questo va fatto per essere finalmente consapevole dello stato di salute degli impianti antincendio nella tua azienda e della loro manutenzione.

Tutti i trattati tecnici sono rivolti ai tecnici, scritti da tecnici in un linguaggio tecnico.

Cioè sono incomprensibili e illeggibili per persone non esperte o non addette ai lavori. In questo libro, invece, ti rivelerò gli scomodi retroscena, dal punto di vista di una persona che ha un'esperienza di oltre vent'anni nel settore e che continua a fare questo lavoro tutti i giorni.

Il problema successivo, che hanno gli imprenditori tendenzialmente quando delegano questo tipo di attività, è che si affidano al leader di mercato: la ditta più conosciuta nella zona, oppure quella meno cara. Ecco, nessuna delle due è la scelta corretta.

Ma fino ad oggi sono queste le due tipologie di acquisti che gli imprenditori fanno quando si trovano sul mercato a dover scegliere un manutentore.

Se si parla di una micro azienda, è direttamente l'imprenditore che decide in prima persona, se invece si tratta di un'azienda più strutturata, ci sarà di mezzo un ufficio acquisti.

Ovviamente, l'ufficio acquisti farà il suo lavoro, cioè far risparmiare soldi all'azienda, scegliendo la soluzione più economica. L'imprenditore, invece, di solito sceglie l'azienda più famosa in zona, il leader di mercato locale che gli offra più garanzie.

Comportandosi in questo modo, imprenditori e amministratori hanno due grossi problemi, perché per prima cosa non hanno gli strumenti per delegare correttamente le manutenzioni e usano il prezzo come unico criterio di scelta del manutentore.

Più avanti, nel corso di questa lettura, approfondiremo meglio questo aspetto. Ma è veramente un problema che scuote la tua azienda dalle basi, perché va a minare tutto quello che hai costruito; ed è inutile che tu abbia clienti e fatturato, se poi un singolo evento catastrofico spazza via completamente anni di lavoro.

O forse ti va di sporcare la tua fedina penale? Tutto il lavoro fatto finora è stato completamente inutile. E forse oggi non è il modo corretto di operare. Anzi, senza "forse", assolutamente non lo è.

Questo libro è uno strumento di auto-aiuto, rivolto agli imprenditori che possono quindi, con la loro testa, avere i mezzi per capire come controllare e gestire, in maniera più consapevole, sia la sorveglianza interna che la manutenzione appaltata esternamente.

Lavorando continuamente in questo settore, ho capito che c'era bisogno di dare una risposta di tipo completo sulla sicurezza antincendio. Mi sono reso conto che non è colpa loro, in quanto gli imprenditori e gli amministratori non hanno assolutamente tempo per dedicarsi a questi aspetti: ricordiamoci che viviamo nel paese più burocratico al mondo! In questo clima di burocrazia e balzelli continui, anche la sicurezza antincendio è vissuta solo come una spesa o una tassa imposta dallo Stato.

Ho pensato a un nuovo sistema di fare manutenzione, che potesse liberare gli imprenditori da inutili perdite di tempo, mantenendo al contempo un elevato standard di sicurezza.

I processi decisionali

Le aziende più grandi e strutturate hanno solitamente un safety manager al loro interno, il cui ruolo è proprio quello di gestire tutto l'aspetto della sicurezza all'interno dell'azienda. Essendo un ruolo cruciale, il suo posto di lavoro è legato anche ai risultati che porta: se succede per esempio che l'azienda prende una sanzione amministrativa, lui può essere licenziato. Proprio per questo motivo, il safety manager sceglie solitamente l'azienda più conosciuta, il leader di mercato, perché se succede qualche cosa può sempre dire alla direzione: "Io ho preso il migliore su piazza, che devo fare di più?".

Il suo lavoro è seguire la sicurezza, quindi, di solito vigila almeno in parte sull'operato del manutentore, attraverso audit interni, che costituiscono un controllo che solitamente garantisce standard di sicurezza più elevati (ma non sempre).

Un piccolo imprenditore, invece, come un ristoratore o un tabaccaio, ha grosse difficoltà a stare dietro a questi aspetti, perché tutti i giorni deve portare avanti l'attività e vede la sicurezza come una tassa imposta e inutile. Spesso tende a risparmiare.

Per esempio, un capannone che al suo interno tratta la lavorazione di carta, dovrà sicuramente gestire:

- estintori
- porte antincendio
- uscite di emergenza
- impianto idrico con pompe dedicate
- tutte le pratiche di prevenzione incendi
- registro antincendio
- sorveglianza interna
- formazione del personale
- etc...

Se iniziassi a elencare tutti i decreti, le norme, le circolari, i libretti di manutenzione, le buone tecniche per la buona gestione di questi impianti... beh dovrei fare una guida di 6000 pagine.

Inoltre, per comprendere bene non solo il funzionamento degli impianti ma gli schemi logici di funzionamento tra le varie protezioni attive e passive, occorrono competenze tecniche, ma anche un background sulla prevenzione incendi e la mentalità che sta dietro alla gestione dell'impianto, che non è fine a se stesso. Un impianto ti parla e comunica con altri impianti. Ogni sistema interagisce con altri, chiudendo valvole, aspirazioni o porte tagliafuoco, oppure attivando delle campane di allarme.

La logica d'interazione tra i vari impianti e dispositivi è un tassello fondamentale. Quando scoppia un vero incendio, fa la differenza tra salvare o meno l'azienda e le vite umane.

Non si può prescindere da un'ottima preparazione in ambito di prevenzione incendi, e questa preparazione, a sua volta, si unisce alle competenze manutentive e tecniche di prodotto. Il background di cultura, però, è fondamentale perché altrimenti non si capisce mai come i vari attori della prevenzione incendi agiscano fra di loro.

Nessun imprenditore o amministratore può autogestire tutto questo, ecco perché ho inventato il *Sistema Manutenzione*

Protetta®, un sistema che possa sollevare un imprenditore dalla gestione. L'imprenditore delega, e fin qui ci siamo capiti. Ma dovrebbe anche sapere **cosa delegare**, e anche qua abbiamo capito che la manutenzione la devo delegare con un criterio di buon padre di famiglia e devo anche essere in grado di vigilare successivamente. Devo delegare a una persona competente e, allo stesso tempo, avere le competenze necessarie per poter vigilare e controllare l'operato del delegato.

Ma c'è di più. Ho creato un sistema che sollevi l'imprenditore da questi problemi, perché gli fornisco un pacchetto di manutenzione sulle sue dotazioni antincendio che vanno manutenzionate in armonia fra di loro. Quindi, con un unico attore, un unico coordinamento, vado a gestire tutto quello che è la manutenzione ordinaria e anche straordinaria degli impianti, controllando i fermi macchina, le anomalie, i falsi allarmi, perché non dimentichiamo che alcuni tipi di impianti sono piuttosto delicati.

Questo ovviamente per l'imprenditore è un grossissimo beneficio, perché non deve verificare tre, quattro ditte all'interno della propria struttura. Immagina i tempi e i costi che deve affrontare anche solo per gestire gli accessi e i documenti sulla sicurezza… per non parlare poi del fatto che non vengono rispettate le scadenze.

Il *Sistema Manutenzione Protetta*® gestisce per te tutto quello che riguarda la manutenzione antincendio con un unico referente e con la speciale garanzia anti-sanzione.

Tutto questo, e anche altro, lo vedremo insieme meglio in un capitolo più avanti, e ti spiegherò perché è un sistema protetto.

Analizzeremo il ruolo della manutenzione antincendio all'interno della tua azienda, scopriremo perché è sottovalutato dal 99% degli imprenditori e come mai è visto solo come un costo.

Vedremo, inoltre, quali sono i principi generali con cui dev'essere gestita, in quanto il manutentore antincendio ha un profilo totalmente diverso da un elettricista o un idraulico.

Affronteremo poi il problema delle truffe e del perché siano così diffuse.

Ho preparato, inoltre, una serie di capitoli per andare a esplorare quella che è la gestione delle singole tipologie di impianti antincendio che si trovano nelle aziende, partendo dagli estintori, passando dagli evacuatori, la segnaletica esterna, il sistema schiuma etc.

Troverai, inoltre, un capitolo approfondito per quanto riguarda la manutenzione all'interno dei condomini.

Alla fine del capitolo, mi raccomando, rimani incollato alle pagine, non ti scollare, non ti distrarre, perché dopo la parte noiosa un po' più tecnica, ma comunque doverosa, parleremo di come il sistema manutenzione antincendio possa lavorare per te e quindi diventi un partner strategico fondamentale per la tua azienda.

Ti darò anche delle risorse finali gratuite, dei veri e propri regali, che potrai applicare nella tua azienda fin da subito.

Il ruolo della manutenzione antincendio nella tua azienda

Prima di addentrarci nel mondo della prevenzione e manutenzione antincendio, bisogna fare una doverosa premessa. Nelle attività produttive, che siano soggette o no al controllo dei Vigili del Fuoco, è necessaria ed essenziale la manutenzione antincendio, in quanto in quelle attività devono esserci delle dotazioni antincendio. Sono obbligatorie per legge e devono sempre essere installate nelle attività. Sempre.

Ovviamente, si parte dalle più semplici, dotazioni base alla portata di tutti, che solitamente sono sufficienti per quelle attività piccole e senza particolari rischi. In questo caso, si parla degli estintori, la vera prima linea contro un principio d'incendio. Ci sono, però, anche altri tipi di protezioni, pensate per quegli ambienti di lavoro dove s'incontrano rischi specifici e un semplice estintore non basta. In questo caso, invece, si parla d'impianti di protezione antincendio.

Gli impianti sono dei veri e propri sistemi, che hanno il compito di rivelare il principio d'incendio prima possibile; inoltre, con azioni automatiche o semiautomatiche, riducono i danni derivanti dall'incendio, oppure lo estinguono in completa autonomia.

Fondamentalmente, gli impianti di protezione antincendio si dividono in attivi e passivi.

Le protezioni attive sono quelle che agiscono in modo attivo contro un incendio, come riportato nel Decreto Ministeriale 20.12.2012: *per impianti di protezione attiva contro l'incendio o sistemi di protezione attiva contro l'incendio, di seguito denominati entrambi "Impianti", si intendono: gli impianti di rivelazione incendio e segnalazione allarme incendio; gli impianti di estinzione o controllo dell'incendio, di tipo automatico o manuale; gli impianti di controllo del fumo e del calore.*

Faccio un esempio pratico: un impianto a gas inerte, collegato a un impianto di rivelazione fumi, si aziona attraverso la rivelazione di un principio d'incendio. Una volta rivelato il principio di un incendio, l'impianto di rivelazione trasmetterà l'impulso a una sottocentrale di spegnimento, la quale comanderà la scarica del gas nell'ambiente. Questa sequenza automatica porterà infine allo spegnimento dell'incendio in modo attivo e del tutto autonomo.

Le protezioni passive, invece, sono quelle protezioni efficaci senza bisogno dell'azione dell'uomo o di un impianto, la loro presenza ha lo scopo di limitare gli effetti dell'incendio nell'ambiente. Prendiamo a esempio una parete antincendio. È resistente 60 minuti alla fiamma, semplicemente stando ferma, nessuno la sposta o la usa per renderla efficace, perciò in caso d'incendio fa il suo lavoro, limita il propagarsi delle fiamme senza però agire attivamente. La stessa protezione passiva si ritrova nelle vernici antincendio o nei collari di protezione per i tubi combustibili.

In Italia, ci sono state diverse difficoltà nell'attuare le misure di prevenzione incendi previste, ti basti pensare ai tanti palazzi storici nei centri urbani, che sono una tipicità tutta nostra, sui quali spesso devono essere fatti degli interventi speciali, perché non è sempre facile intervenire, data la loro particolarità costruttiva. Come vedremo più avanti, questo è un aspetto da tenere in considerazione nella valutazione dei sistemi e degli impianti da installare.

Adesso proseguiamo insieme e vediamo da vicino quali sono le principali fasi nell'ambito dell'installazione delle attrezzature e degli impianti antincendio e comprendiamo insieme quali sono le figure preposte a tali operazioni.

Esistono essenzialmente tre fasi nell'ambito dell'installazione di impianti e attrezzature antincendio: progettazione, installazione e manutenzione. Ognuna di queste fasi è affidata, nella pratica, a una figura specializzata differente.

In primis, c'è il progettista antincendio, che si occupa appunto di progettare la sicurezza antincendio all'interno dell'azienda; poi c'è l'installatore, che è il tecnico che subentra in un secondo momento e si occupa di installare gli impianti e infine c'è la figura del manutentore, che è colui che si occupa di prendere in carico l'impianto e mantenerlo in efficienza.

Come punto di partenza, devi sapere che un impianto antincendio dev'essere progettato secondo il decreto 22 gennaio 2008 numero 37 articolo 5, che stabilisce che *i progetti degli impianti sono elaborati secondo la regola dell'arte,* dettata dalle normative UNI, CE e di altri enti di normalizzazione. Secondo il suddetto decreto: "I progetti elaborati in conformità alla vigente normativa e alle indicazioni della guida delle norme UNI CEI e degli altri enti appartenenti agli Stati membri dell'Unione Europea si considerano quindi redatti secondo le regole dell'arte".

È obbligatorio rivolgersi a progettisti che siano iscritti negli albi professionali, che operino nell'ambito delle proprie competenze ed iscritti negli appositi elenchi del Ministero dell'Interno, di cui all'articolo 16 del decreto legislativo 8 marzo 2006, numero 139. Si tratta, quindi, di quel professionista già iscritto al proprio albo professionale ma che ha superato gli esami previsti dal decreto legislativo 139 del 2006 (ex legge 818/84). È abilitato in ambito antincendio e ha, inoltre, l'obbligo di ricorrente formazione. Si tratta quindi di uno specialista adeguatamente formato in materia e continuamente aggiornato.

COSTRUZIONE IMPIANTI SECONDO NORMATIVA E REGOLA DELL'ARTE

| Progetto redatto da professionista abilitato | Installazione a regola d'arte, azienda con qualifica nel camerale | Presa in carico e manutenzione |

Gli impianti devono essere realizzati e installati da imprese secondo la regola dell'arte, in conformità alla normativa vigente. Tali imprese sono responsabili della corretta esecuzione degli impianti, che vengono considerati eseguiti secondo la regola dell'arte se sono realizzati in conformità alla vigente normativa, alle norme UNI della CEI e degli altri enti.

L'impianto, quindi, dev'essere progettato da un professionista antincendio, che tenga conto dei rischi dell'attività specifica, delle norme tecniche di riferimento e delle specifiche dei prodotti da installare.

Nella fase successiva, subentra l'installatore il quale, in base alla progettazione e alla lista materiali, esegue l'impianto seguendo le norme UNI. Se l'installatore non provvederà anche alla manutenzione, nella presa in carico, il manutentore dovrà verificare la corrispondenza fra quello che è stato progettato e quello che è stato messo in opera. Ed ecco che già in questa fase è possibile riscontrare problemi e lacune. Non è affatto raro, infatti, che i clienti non abbiano più il progetto, o che nel frattempo abbiano modificato l'attività, con conseguente aggravio del rischio.

Per migliorare la sicurezza antincendio dell'azienda, il progettista antincendio lavora su diversi fronti col manutentore, ed entrambi operano in stretta collaborazione con i Vigili del Fuoco.

Come abbiamo visto, nella terza fase entra in gioco la figura del manutentore, ma prima di comprendere il suo prezioso ruolo all'interno dell'azienda, andiamo un attimo a scoprire insieme che cos'è la manutenzione antincendio e qual è la sua funzione.

La manutenzione è un'operazione o un intervento finalizzato a mantenere l'efficienza in buono stato delle attrezzature e degli impianti e si divide in ordinaria e straordinaria. Secondo l'articolo 10, la manutenzione degli impianti ordinaria non comporta l'osservanza dell'articolo 8, cioè l'azienda non deve necessariamente essere inquadrata dalla Camera di Commercio con la lettera G, che riguarda appunto l'abilitazione a costruire impianti antincendio e fare manutenzione.

Le operazioni di manutenzione hanno, dunque, lo scopo di mantenere in efficienza gli impianti di protezione attiva che ci sono nell'azienda e in generale negli edifici.

Devi assolutamente comprendere che non basta installare l'estintore, un impianto sprinkler o un impianto di rivelazione fumi per essere a posto e al sicuro. Ogni dispositivo antincendio dev'essere tenuto in efficienza, in modo che sia pronto a intervenire in caso di necessità, e per farlo non è possibile lasciare tutto al caso, serve un piano di manutenzione chiaro, in linea con quanto stabilito dalle normative. Inoltre, tale manutenzione dev'essere eseguita seguendo norme tecniche nazionali, comunitarie ed extracomunitarie: sono norme specifiche e tecniche che devono essere seguite, anche consultando attentamente i libretti d'uso e manutenzione dell'impianto.

Ritornando alle due tipologie di manutenzione antincendio, per quanto riguarda quella ordinaria, quest'ultima si attua in loco, con strumenti e attrezzature di uso ricorrente; si limita a riparazioni di lieve entità fatte sul posto, che magari hanno bisogno di piccoli ricambi, e comporta l'impiego di materiali di consumo di uso corrente o la sostituzione di parti di modesto valore.

Tutt'altra cosa è invece la manutenzione straordinaria, che dev'essere necessariamente realizzata da un'impresa abilitata. Facendo riferimento al decreto ministeriale 2008 numero 37, comprendiamo che questo tipo di manutenzione non può essere eseguita in loco e, nel caso, richiede mezzi di particolare importanza, attrezzature e strumentazioni particolari, sostituzione di intere parti d'impianto, la completa revisione e sostituzione di apparecchi per i quali non sia possibile o conveniente la riparazione. Quindi, in questo caso l'azienda dev'essere abilitata con la lettera G della Camera di Commercio, cioè dev'essere legalmente riconosciuta e autorizzata ad avere impianti di protezione antincendio.

Tutto chiaro fin qui? Esistono due tipi di manutenzione e quella straordinaria dev'essere fatta solamente da specialisti del settore con comprovata esperienza, non può di certo farla un tuo amico idraulico o elettricista che non ha mai fatto questo lavoro!

La persona o il tecnico competente dev'essere qualificato e dotato della necessaria formazione ed esperienza. È uno specialista che ha accesso ad attrezzature, apparecchiature, informazioni, manuali e conoscenze significative di qualsiasi procedura speciale ed è raccomandato dal produttore o dal detentore dell'impianto. Questo tecnico dev'essere in grado di eseguire, in modo ineccepibile, su detto impianto la procedura di manutenzione specificata dalla norma.

La manutenzione si può suddividere in varie fasi ben distinte.

La presa in carico è il primo passo, e avviene quando un impianto antincendio viene esaminato da un'azienda di manutenzione antincendio. Per verificare la completa e corretta funzionalità delle apparecchiature, è importante che sia disponibile il libretto di manutenzione, ove previsto, ed è altrettanto fondamentale la corrispondenza con i documenti del progetto. Qualora i documenti non fossero disponibili, o lo fossero solo parzialmente, il manutentore deve registrare l'esito e comunicare alla persona responsabile la non conformità rilevata. È un passaggio fondamentale per chiarire lo stato di salute dell'impianto e stabilire le responsabilità.

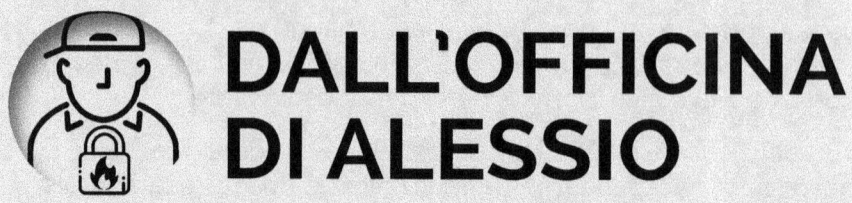

DALL'OFFICINA DI ALESSIO

La presa in carico è il primo passo per prendere in gestione la manutenzione di un impianto, perché prima d'intervenire bisogna capire lo stato delle cose.

Certo, è obbligatoria per legge, però è anche il punto di partenza fondamentale perché tutto prosegua per il verso giusto. Nel 90% dei casi non esiste documentazione, è lacunosa o ci sono errori d'installazione.

Fare la manutenzione a un impianto che è stato montato in modo sbagliato è un enorme problema, perché non garantirà mai le prestazioni necessarie, neanche se la manutenzione è fatta nella maniera corretta, in quanto può essere sbagliata la logica di funzionamento, il cablaggio o qualsiasi altro aspetto tecnico.

Di conseguenza, non possono essere messi in manutenzione impianti che presentano problematiche già nella presa in carico.

Molto spesso non viene neanche fatta, ma è essenziale per la corretta manutenzione, inoltre il manutentore diventa responsabile dopo la presa in carico.

A questo punto, dovrebbe già risultarti evidente come la manutenzione antincendio assuma un ruolo cruciale nella vita del cittadino, e quanto sia essenziale soprattutto per l'imprenditore, o meglio, dovrebbe esserlo. Purtroppo, oggi la prospettiva da cui si valuta la manutenzione antincendio non è affatto rassicurante, tutto viene ridotto a una fastidiosa spesa in più.

Quest'ottica è in netto contrasto con l'importanza che il ruolo del manutentore assume nell'ambito normativo.

Il manutentore, infatti, non può essere scelto seguendo una logica di risparmio, in quanto dev'essere uno specialista preparato nella materia, poiché ha l'obbligo di seguire le norme tecniche approvate da organismi riconosciuti, decreti, specifiche, rapporti tecnici, libretti d'uso e manutenzione.

Si fa riferimento, in particolare, al decreto legislativo 9 aprile 2008 numero 81 articolo 46, secondo cui "la prevenzione incendi è funzione di preminente interesse pubblico, esclusiva competenza statuale diretta a conseguire, secondo criteri applicativi uniformi sul territorio nazionale, gli obiettivi di sicurezza della vita umana, l'incolumità delle persone, di tutela dei beni e dell'ambiente fino all'adozione delle reti di cui al comma 3 continuano ad applicarsi criteri di sicurezza antincendio e per la gestione dell'emergenza nei luoghi di lavoro al decreto del ministro dell'interno 10 marzo '98".

È il manutentore, inoltre, che fa l'analisi al momento della presa in carico, per capire se si riesce o meno a manutenzionare l'impianto, e non solo, il manutentore analizza anche porte antincendio, portoni scorrevoli, evacuatori di fumo e calore...

L'analisi del manutentore, insomma, si estende anche a tutte le dotazioni antincendio, per cui si deve prevedere un'attenta presa in carico, prima di passare alla manutenzione vera e propria, in quanto la manutenzione ha lo scopo di mantenere quello che già c'è, non deve fare altro. Il manutentore, però, deve anche rendersi conto di eventuali cambiamenti, come ad esempio se nell'azienda il rischio è stato aggravato.

Se hai un magazzino adibito allo stoccaggio di materiali in metallo, avrai un determinato grado di rischio e un adeguato impianto. Ma se poi dentro ci metti anche 10 quintali di cartone, è evidente che l'impianto antincendio non sarà più idoneo a coprire questo nuovo grado di rischio. Logico, no?

Sembra di no, visto come tutti i giorni le persone commettano errori, mettendo a rischio la propria azienda.

Questo accade perché gli imprenditori in molti casi non hanno le adeguate competenze in ambito di sicurezza e prevenzione incendi, e di conseguenza non possono valutare al meglio, e in maniera adeguata, i rischi e gli eventuali aggravi che comporta ad esempio l'introduzione di nuovi materiali in un deposito o nell'azienda stessa.

La sicurezza in generale, e ancora di più quella antincendio, sono viste solo come incombenze burocratiche inutili e dispendiose.

Questi aspetti non possono più essere sottovalutati. C'è bisogno di cambiare mentalità. Se hai in mano questo libro, vuol dire che sei pronto a farlo, ed io sarò felice di accompagnarti e guidarti in questa strada.

Un altro aspetto importante da tenere in considerazione nell'ambito della manutenzione è la predisposizione del registro antincendio. È, infatti, di rilevante importanza che l'azienda manutentrice predisponga un registro antincendio, ossia un particolare documento chiaro che consentirà di gestire in modo corretto il sistema nel tempo. Tale registro costituisce un piano di lavoro da cui si può sempre ricavare la data di consegna del lavoro, il tempo impiegato, il luogo, le persone che hanno eseguito il lavoro, i preposti del committente che hanno avallato i materiali forniti, tutte le check-list da norma UNI delle operazioni eseguite, report, note.

Tutte queste preziose e utili informazioni devono essere custodite all'interno dell'azienda con grande cura perché, in caso d'incendio o di controllo, devono essere sempre disponibili alle autorità competenti.

A questo punto, avrai compreso che la manutenzione richiede una serie di operazioni complesse e al contempo fondamentali che non tutti possono eseguire. Manutentori, progettisti e installatori sono in definitiva figure con ruoli diversi, ma tutti accomunati da un minimo comun denominatore: la competenza specialistica nel settore.

Ti sembra ovvio? Sì, anche a me, ma in realtà molto spesso gli impianti vengono installati da aziende non specializzate che non hanno la visione a 360° della prevenzione incendi. Molte volte

#1

due ditte diverse si occupano dell'installazione e manutenzione, quindi capita che l'impianto venga installato da elettricisti e idraulici e, in seguito, manutenzionato dal manutentore antincendio.

L'esperienza mi ha insegnato che questa prassi molte volte porta dei problemi: ho visto gruppi attacco motopompa montati al contrario, sensori installati non a norma e così via... Guarda, mi fermo subito, perché ne ho viste davvero di tutti i colori!

Attacco VVF montato nel modo errato da un idraulico

Questo è ciò che è avvenuto finora e che purtroppo continua ad avvenire ancora oggi, il trend è sicuramente direzionato verso una specializzazione sempre maggiore delle figure coinvolte. Ritengo, quindi, che nel tempo le aziende non specialistiche saranno escluse da questo mercato.

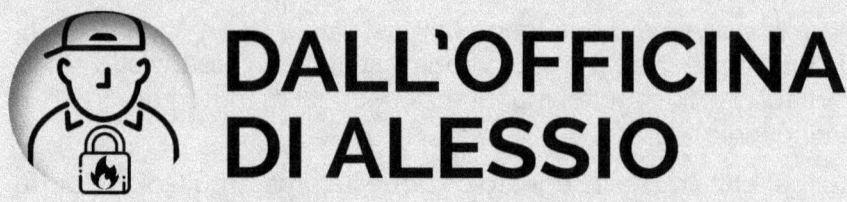
DALL'OFFICINA DI ALESSIO

L'evoluzione normativa ha portato a una selezione naturale dei tecnici.

Da quando esiste l'obbligo di formazione continua, è più impegnativo e costoso essere sempre aggiornato e abilitato.

Anche il tempo da dedicarci è aumentato in modo considerevole.

Siamo ancora in una fase di cambio generazionale: ci sono ancora i "vecchi" progettisti che stanno cercando con fatica di aggiornarsi, ma anche l'entrata di alcuni nuovi player di mercato.

Consiglio, però, di stare molto attenti nella selezione del proprio professionista antincendio, magari facendosi consigliare, perché è una figura chiave, è il mediatore nei rapporti con i Vigili del Fuoco.

È, quindi, essenziale che abbia un'ottima reputazione tra i controllori e una provata esperienza.

Possono essere necessarie varie azioni per integrare soluzioni ingegneristiche apposite, spesso in deroga, quando cioè si mette in campo una soluzione di prevenzione incendi al posto di un'altra che non è possibile attuare, magari per motivi strutturali.

In questi casi, si deve trattare proprio con i Vigili del Fuoco, quindi è essenziale avere una figura professionale di qualità, che abbia un track record importante di risultati positivi raggiunti.

#1

Nell'ambito della sicurezza dei dipendenti e di tutti coloro che si trovano all'interno di un'azienda, è stata emanata una sentenza dalla Corte di Cassazione sezione 4 penale 5 dicembre 2003 numero 4981, che stabilisce la predisposizione del documento di valutazione dei rischi. Tale documento è il fondamento delle scelte d'impresa in materia di sicurezza.

La sentenza è allegata al processo per la morte di 11 persone all'interno di una camera iperbarica. In questo fatale e terribile incidente, c'è stata un'omissione di verifica dell'aumento di valutazione dei rischi, sebbene quest'ultima fosse stata stilata da terzi. Converrai con me che la questione è seria! In quella triste circostanza, i rischi sono aumentati, non sono stati adeguatamente valutati e verificati e tutto ciò ha causato quello che adesso stai osservando nella foto in basso.

Incendio camera iperbarica
Fonte: certifico.com

Nel decreto 10 marzo '98 si stabilisce esattamente a chi competa la responsabilità del mantenimento in efficienza dell'impianto e delle attrezzature antincendio. All'allegato 6, punto 4 leggiamo: "Il datore di lavoro è responsabile del mantenimento delle condizioni di efficienza delle attrezzature e impianti di protezione antincendio". Inoltre, nel decreto del 9 aprile 2008 numero 81 all'articolo 64 c'è scritto che "il datore di lavoro provvede affinché gli impianti e dispositivi di sicurezza destinati alla prevenzione o all'eliminazione dei pericoli vengano sottoposti a regolare manutenzione e al controllo del loro funzionamento".

Le responsabilità sono assolutamente chiare, non ci sono dubbi. La manutenzione, quindi, dev'essere sempre fatta, è parte integrante della sicurezza antincendio.

Vediamo adesso alcune utili FAQ, domande che mi vengono fatte più spesso e che magari saranno utili per togliere qualche dubbio anche a te.

Con quale periodicità bisogna effettuare il controllo su impianti e attrezzature antincendio?

Nel decreto 10 marzo '98 allegato 6 punto 2, il legislatore ha fissato il limite entro e non oltre il quale il manutentore deve effettuare la visita di controllo, cioè **ogni sei mesi**. La periodicità dei controlli, in funzione della norma tecnica di riferimento del produttore, può essere anche inferiore a sei mesi, ma non si può mai andare oltre.

Come devono essere effettuati gli interventi di controllo e manutenzione sull'impianto di attrezzature antincendio?

Nel decreto 10 marzo '98 articolo 4, leggiamo: "Gli interventi di manutenzione e controlli sugli impianti e sulle attrezzature di protezione antincendio sono effettuati **nel rispetto delle disposizioni legislative e regolamentari vigenti,** delle norme di buona tecnica emanate dagli organismi di normalizzazione nazionale o europei; in assenza di dette norme di buona tecnica, bisogna seguire le istruzioni del fabbricante e o dell'installatore". Lo stesso principio lo ritroviamo meglio esplicitato nel decreto 20 dicembre 2012, che disciplina progettazione, costruzione e la manutenzione degli impianti di protezione attiva, installati nelle attività soggette a controlli di prevenzione incendi. Nell'allegato 2.3, troviamo scritto: "L'esercizio e manutenzione degli impianti oggetto del presente decreto devono essere effettuati secondo la regola dell'arte". Le norme UNI sono strettamente collegate al decreto e non sono volontarie e basta, ma sono imposte. Nello stesso decreto leggiamo che gli impianti devono inoltre "essere condotti in accordo alla regolamentazione vigente e a quanto indicato delle norme pertinenti al manuale di uso e manutenzione dell'impianto. Il manuale è fornito dal responsabile dell'attività dell'impresa installatrice o per impianti privi degli stessi manuali eseguiti prima dell'entrata in vigore del presente decreto da un professionista antincendio".

Chi può esercitare l'attività di controllo periodica e la manutenzione sugli impianti ed attrezzature antincendio?

Dal decreto 10 marzo '98 allegato 6 punto 4: "L'attività di controllo periodica e la manutenzione deve essere eseguita **da persona competente e qualificata**". Il decreto del 22 gennaio 2008 numero 37 articolo 8 dice che "il committente è tenuto ad affidare i lavori di installazione, di trasformazione, di ampliamento e di manutenzione straordinaria degli impianti ad imprese abilitate ai sensi dell'articolo 3".

Le norme tecniche, oggetto di questi decreti, sono documenti tecnici che vanno a disciplinare le attività di costruzione, manutenzione e gestione degli impianti antincendio in vari ambiti. Non si parla infatti solo di aziende, ma sono incluse anche attività pubbliche, i comuni e i condomini, che hanno tutti necessità di gestire la sicurezza antincendio. Sono tutte realtà complesse e con le loro peculiarità. In particolare, molto spesso il condominio è un'attività abbastanza critica, per questo lo affronteremo più avanti, in un capitolo a parte, però adesso voglio comunque iniziare a dare velocemente un'occhiata ad alcuni aspetti relativi alla prevenzione incendi nei condomini.

Introduzione alla manutenzione antincendio nei condomini

Innanzitutto, il condominio è un luogo di lavoro, in quanto può commissionare, nella forma di contratto di appalto, lavori d'ingegneria civile come cantieri temporanei e mobili. Praticamente, diventa un committente e quindi l'amministratore di condominio diventa datore di lavoro a tutti gli effetti, con tutti gli obblighi dell'articolo 90 del decreto 81/08.

Il condominio è un luogo di lavoro se in esso operano collaboratrici domestiche, studi professionali, portieri oppure se vengono fatti dei lavori di ristrutturazione. Tutti i lavoratori dipendenti, in quanto tali, saranno tutelati come tutti gli altri. Essendo quindi un luogo di lavoro, rientra nel campo di applicazione del decreto ministeriale 10 marzo '98, che prevede anche l'installazione di estintori.

Avere estintori collocati nel condominio deriva da tale definizione, nella misura in cui ci siano attività soggette al DPR 151 del 1 agosto 2011, che in sostanza è un regolamento di semplificazione della disciplina dei procedimenti relativi alla prevenzione incendi. Spiegando in maniera semplice, esiste un elenco di attività che obbligatoriamente devono presentare la documentazione riguardo alla sicurezza.

Comunque, sia che non rientri nell'ambito delle attività soggette a controllo sia che ci rientri, vedremo successivamente come un condominio debba gestire la sicurezza antincendio e come l'amministratore sia responsabile delle attività, civilmente e penalmente.

Inoltre, bisogna considerare che il condominio è un luogo abbastanza rischioso, perché spesse volte abbiamo palazzi alti con un elevato numero di piani in cui possono esserci migliaia di potenziali focolai d'incendio, con grande invasione di fumo nelle scale e quindi grande pericolo per le persone. Sono luoghi a cui prestare particolare attenzione, ma ci prenderemo un intero capitolo per spiegare in modo approfondito tutto quello che riguarda la sicurezza e prevenzione antincendio nei condomini.

Leggendo questo capitolo, avrai sicuramente compreso e rivalutato il ruolo della manutenzione antincendio nella tua azienda o nel tuo condominio.

Adesso continua la lettura con me, perché nel prossimo capitolo scopriremo, nella sua interezza, il ruolo del manutentore antincendio che, come avrai intuito, è determinante nella tua azienda, in quanto la sua competenza ed efficienza possono decidere le sorti della tua impresa e non solo, nelle sue mani in realtà c'è proprio la tua stessa vita e quella dei tuoi dipendenti. Forse vale la pena comprendere un po' di più la sua funzione e magari rivalutare il suo ruolo all'interno della tua azienda, che ne dici?

Il manutentore antincendio

#2

Parliamo adesso del manutentore, figura cruciale e fantomatica nel mondo antincendio. Chi è il manutentore? Che deve fare per ottenere questo titolo? Come faccio a sapere se sa quello che sta facendo?

Leggi questo capitolo e troverai le risposte a uno dei temi più controversi e meno chiari di questo mondo.

Il manutentore antincendio è sempre stata una figura non ben definita per lo stato italiano. Di fatto, nei decreti e nelle norme, fondamentalmente non solo non ne è mai stato definito il percorso formativo professionale, ma non c'è mai stato l'obbligo di sostenere esami.

Questi decreti, infatti, affermavano semplicemente che il manutentore doveva essere una persona esperta e qualificata, senza dire niente di specifico in sostanza.

Il primo a farne menzione è stato il DPR 547 del 1955, poi successivamente il D.M. 10 marzo 1998 e infine anche la norma UNI 9994-2. Questo ha creato in passato una situazione molto caotica.

Questa sorta di vuoto normativo e la poca chiarezza hanno creato diversi problemi, specialmente per gli utenti finali.

Questa situazione ha generato il proliferare di molte micro aziende non professionali, create dal nulla. Cloni l'una dell'altra, si trattava spesso di aziende create da spin-off di un manutentore esistente. In pratica, un dipendente un bel giorno ha litigato col titolare e ha pensato: "Io posso fare meglio di lui, tanto i clienti conoscono me!"

A quel punto, basta creare una nuova azienda, e il gioco è fatto. Oggi, infatti, non occorre nessun tipo di abilitazione speciale per poter aprire una nuova azienda di manutenzione.

Ma come, dirai, per manutenzionare una caldaia occorrono le abilitazioni e invece per mettere mano alle dotazioni antincendio che salvano vite non serve nulla? NO!

Non era chiara la situazione anni fa e neanche adesso lo è totalmente, poiché alla scrittura di questo libro c'è ancora molto fermento e confusione nel settore.

Paradossalmente, oggi, il problema del manutentore non è tanto quello di saper cosa fare e farlo bene, ma dimostrare di avere un diploma. Con un diplomino in mano, infatti, posso dire al cliente:

"Guarda sono abilitato alla manutenzione di questo e quest'altro, ecco qua i diplomi".

Non essendo chiara la definizione del manutentore e quali competenze e abilitazioni dovesse avere nello specifico, la consuetudine è stata di fare un corso di un giorno tutto teorico per accaparrarsi il diplomino. Se, ad esempio, volevi abilitarti alla manutenzione dei rivelatori di fumo, ti bastava fare un corso solo teorico di una giornata e ricevere un diploma abilitante, senza dover sostenere un esame o una verifica. La parte pratica era inesistente e, nemmeno sollecitando chi di dovere, si potevano fare prove sul campo. Ti assicuro che ho cercato in tutti i modi di far inserire nei corsi delle parti pratiche, anche a pagamento, ma senza risultati.

La risposta ufficiale è stata che non c'era richiesta.

Perché? In sostanza, le aziende manutentrici vogliono solo il diploma e non sono tanto interessate ad avere competenze. In pratica, non imparavi nulla e pagavi per ottenere il "foglio di carta" che ti avrebbe poi permesso di lavorare nella totale regolarità. Questa pratica sbagliata e controproducente l'ho vissuta in prima persona. Nel corso degli anni, diverse aziende di formazione del settore hanno erogato corsi a cui puntualmente partecipavo, insieme a tanti altri manutentori, per tenermi aggiornato.

Ho seguito tantissimi corsi su tutti i tipi di impianti esistenti, ma puntualmente le mie aspettative venivano deluse. Perché? Te lo spiego subito: in questi corsi la parte pratica era per lo più inesistente, di conseguenza tale mancanza lasciava nelle mani dei manutentori l'onere dell'addestramento pratico. Andavo lì semplicemente per un attestato, che in realtà non serviva a saper fare meglio il lavoro ma rappresentava solo una prova per i clienti che lo chiedevano.

Alla fine non c'erano esami, nessun tipo di verifica, se non una serie di risposte a scelta multipla (le cosiddette "risposte a crocetta") e non c'era nulla che successivamente potesse dare un vero supporto pratico.

Inoltre, era possibile mandare lì un nuovo dipendente. Faceva il corso, gli davano il diplomino e poi era "abilitato" ad andare nelle aziende dei clienti per le manutenzioni.

Fino a pochi anni fa funzionava così. Questo tipo di percorso, infatti, era poco incisivo, perché non t'insegnava nulla a livello pratico, inoltre mi sono accorto di una cosa molto grave.

Pur mandando i manutentori a fare i corsi, dopo sei mesi alcuni concetti e competenze si perdevano.

Un manutentore non può non conoscere la coppia di serraggio di un estintore, né tantomeno può ignorare quali siano i tempi di revisione degli impianti! È inammissibile! Certo, ero in regola con la normativa tecnica, ma non ero soddisfatto, volevo di più, perché chi paga i nostri servizi merita molto di più. In fondo, i clienti mettono nelle nostre mani una parte importante della loro vita.

Avendo notato che i concetti imparati nei corsi tendevano ad essere persi nel tempo dai manutentori, come un maniaco perfezionista, ho dedicato alcuni anni fa delle giornate ai cosiddetti "audit". Questa pratica consisteva in una check-list di domande alle quali dare risposta, per trarne poi un giudizio finale. In pratica, un bel giorno sono andato col nostro consulente a verificare quanto ne sapessero i manutentori delle norme tecniche, così a sorpresa... simpatico vero?

In pratica, ho scritto una serie di domande su vari argomenti tecnici che ritenevo fossero ormai scontati per me e anche per gli altri manutentori. Così credevo...La sorpresa fu grande, ma in negativo...

È per questo motivo che ho creato l'accademia interna, un vero percorso strutturato un po' come una caserma dei Vigili del Fuoco! Non basta la formazione istituzionale, occorre una formazione interna mensile, dove a turno ogni manutentore faccia da docente.

Col tempo, questo sforzo è stato ripagato, perché poi negli audit successivi, il miglioramento è stato notevole e costante.

Nonostante i miglioramenti, ancora non ero soddisfatto, in quanto mi ero anche reso conto che gli impianti possono essere molto complessi da gestire. Così, per garantire uno standard di lavoro che rendesse chiaro cosa fare e come farlo, ho creato delle check-list specifiche per ogni impianto.

Ogni manutentore sa cosa deve fare e lo registra puntualmente nel modulo, che rimane come copia cliente nel registro antincendio. Insomma, è un lavoro enorme che va oltre le norme minime. In questo modo, è possibile garantire gli interventi svolti con la polizza antisanzione. Non penserai mica che le compagnie assicurative regalino qualcosa, vero? Assicurano solamente chi sanno che è molto affidabile.

Audit, formazione continua, check-list rappresentano alcuni dei punti di forza del nostro *Sistema Manutenzione Protetta*®, ma te ne parlerò meglio più avanti.

Adesso torniamo al manutentore antincendio, una figura che fino a qualche anno fa, non era neanche riconosciuta professionalmente.

Come abbiamo visto, il manutentore antincendio negli anni passati era una figura quasi evanescente, non adeguatamente formato, senza alcun tipo di prerequisito e senza nessun controllo. Era praticamente allo sbando.

A questo punto, ahimè, viene fuori da un lato l'ignavia degli imprenditori che delegano le manutenzioni senza criterio, dall'altro una normativa tecnica complessa e sempre in evoluzione.

Purtroppo, è proprio all'interno di questo limbo che troviamo persone poco formate che si arrangiano a fare le manutenzioni pur di "tirare a campare". Considera che per aprire un'azienda di manutenzione antincendio, oggi non c'è bisogno di alcun requisito. Allora capisci che la frittata è fatta!

Questa situazione si è sicuramente aggravata a causa della sistematica mancanza di controlli.

ATTENTI ALLE TRUFFE

Mistretta - Finta revisione degli estintori. Si indaga su una truffa al comune

Fonte: https://www.amnotizie.it/2020/06/09/mistretta-finta-revisione-degli-estintori-si-indaga-su-una-truffa-al-comune/

Le Iene smascherano raggiri. Scoperta la truffa estintori

MOGLIA. Le Iene di nuovo nel mantovano... la troupe della popolare trasmissione di Italia 1 è andata a Moglia per smascherare la truffa degli estintori antincendio.

Il servizio è andato in onda martedì sera ed è stato curato da Luigi Pelazza con l'aiuto di Davide Ferretti titolare della ditta Df Antincendio di Moglia.

Per la verità, Davide è stato il primo ad essere stato "controllato" dalle Iene nel suo lavoro.

... Gli estintori, così taroccati, sono stati portati ad aziende della zona per essere revisionati. Sorprendente il risultato: 9 aziende su 10 si sono limitate a cambiare la targhetta mettendo solo la data della revisione senza controllarne il contenuto...

Articolo completo sulla pagina della fonte: https://gazzettadimantova.gelocal.it/cronaca/2013/12/05/news/le-iene-smascherano-raggiri-scoperta-la-truffa-estintori-1.8246217?refresh_ce

Frode nella manutenzione degli estintori, truffati in 5.200 da un'azienda della Bassa

Una ditta di forniture di impianti antincendio, la Friul estintori di Cervignano, ha frodato per anni la clientela, dislocata in tutto il Friuli Venezia Giulia, attestando falsamente di aver provveduto a cambiare l'agente estinguente durante le manutenzioni triennali degli estintori a polvere. I responsabili sono stati denunciati per frode nelle pubbliche forniture, truffa aggravata e omissione dolosa di cautele contro gli infortuni sul lavoro.

Fonte: https://messaggeroveneto.gelocal.it/udine/cronaca/2019/10/10/news/fingevano-di-sostituire-gli-estintori-truffati-in-5-200-1.37726286

Negli anni, come avrai già compreso, si sono susseguite tutta una serie di concause che hanno portato ad avere ditte poco serie, truffaldine e con manutenzioni non all'altezza.

La fase successiva, lo step 2, ha visto la nascita di un percorso professionale certificato di tipo volontario. In pratica, il manutentore faceva il corso antincendio per esempio sulla manutenzione degli impianti a gas e successivamente un ente terzo certificava l'apprendimento svolto.

Questo è stato un primo passo verso la certificazione del manutentore antincendio o TMA.

Le ultime evoluzioni stanno conferendo al Corpo Nazionale dei Vigili del Fuoco un ruolo centrale, per quanto riguarda gli esami a cui sono sottoposti i manutentori.

Attualmente, alcuni percorsi sono stati ben definiti e sono già obbligatori, mentre altri tipi di percorsi sono ancora su base volontaria.

Molti organismi di verifica e controllo hanno "annusato", per così dire, il business, cosa che ha generato il proliferare di attestati facili a prezzi scontati.

Purtroppo, la natura umana è fatta anche di queste cose e anche se non si dovrebbe speculare su questi argomenti, in realtà succede, eccome.

Se pensavi che queste novità fossero la cura di tutti i mali, ti sbagli di grosso. Per arginare questo spiacevole fenomeno, alcune associazioni hanno stipulato accordi per la formazione direttamente con i VVF, che poi è l'ente competente della materia, il che darebbe anche un tono più istituzionale alla cosa. Certo, la creazione di un albo ufficiale aiuterebbe ma allo stato attuale non vi è ancora nulla di ufficiale.

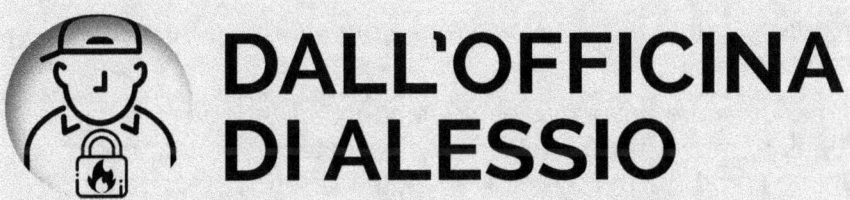

DALL'OFFICINA DI ALESSIO

Cosa succederà?

La mia idea è che andremo verso una professionalizzazione progressiva del settore.

Le micro aziende spariranno, perché non avranno il budget per sostenere questo tipo di percorso, quindi ci sarà un bel po' di selezione.

Tante aziende che fanno manutenzione non come attività principale, ma ogni tanto, come idraulici ed elettricisti o piccoli manutentori, andranno a sparire nel tempo, per fare spazio ad aziende più strutturate e più grandi.

Ovviamente sono mie personali intuizioni, poi il mercato col tempo, anche in base agli interessi in gioco, ci dirà la verità.

A questo punto ti chiederai: "Perché questo mestiere è così complicato?"

Il manutentore antincendio deve conoscere le leggi che regolamentano tutto il settore, le norme tecniche, i decreti e anche i prodotti, perché è diverso da un elettricista o da un idraulico, ha un background diverso per quanto riguarda il know how e la specializzazione impiantistica…Insomma, ha proprio un ruolo a sé stante.

In questo momento, il datore di lavoro dovrebbe trovare l'azienda, scegliere in base a un curriculum dimostrabile e non in base al prezzo basso. Dovrebbe, in altre parole, optare per un'azienda che garantisca un certo standard.

È proprio per questo che noi, all'interno del *Sistema Manutenzione Protetta*®, addestriamo il personale un po' come in una caserma dei Vigili del Fuoco, perché mi sono reso conto che la formazione, soprattutto quella di qualità, va ripetuta mensilmente.

Il corso annuale è utile, va bene, ma a mio avviso non basta. È per questo che noi tutti i mesi ripetiamo i concetti, facciamo delle domande, riguardiamo i moduli, verifichiamo se ci sono aggiornamenti e controlliamo che il modulo sia sempre idoneo, perché comunque le cose da sapere sono tante e anche il riscontro con i clienti è fondamentale.

Il nostro *Sistema Manutenzione Protetta*® si occupa di tutti gli impianti presenti in azienda e, pertanto, formarsi è fondamentale poiché ogni impianto ha le sue difficoltà e le sue criticità.

Se per un impianto viene aggiornata la norma e per l'altro no, bisogna sapere dove mettere le mani, in quanto cambiano le tempistiche, e magari c'è da aggiornare un modulo.

È fondamentale "stare sul pezzo" e fare sempre gli aggiornamenti. Il manutentore, quindi, è un partner per l'imprenditore, lavora insieme a lui per il miglioramento della sicurezza ed è uno dei suoi migliori amici.

Anche la gestione delle anomalie nel registro antincendio viene fatta spesso di comune accordo. Il manutentore poi mette al corrente l'imprenditore delle anomalie e degli aggiornamenti, è quindi un suo alleato con cui condivide anche responsabilità civili e penali.

#2

Se un'azienda lavora a basso budget e costa poco, ha intrinsecamente difficoltà a trattenere i talenti, le persone brave, perché gli operai costano tanti soldi al mese, specialmente quelli bravi.

Se, quindi, hai delegato la manutenzione a caso, magari al meno caro, non voglio dire che sia colpa tua, però io ti faccio presente che questo potrebbe rivelarsi un serio problema per la tua azienda. Ti ritroverai con personale poco qualificato e con scarse competenze tecniche presso i tuoi impianti. Pensaci, non ti sembra una cosa estremamente pericolosa? Se capita un incidente, ti manda all'aria l'azienda. Se c'è un incendio in un magazzino di stoccaggio di cartone oppure si fa male qualcuno, per te è un problema enorme, perché alla fine dei conti la responsabilità è tua e più avanti ti spiegherò perché.

Non è più accettabile che la manutenzione antincendio costi così poco e venga svilita, proprio perché non è coerente né di buon senso che un operaio manutentore possa costare poco, perché è una figura estremamente specialistica e di conseguenza non può costare poco.

Da imprenditore del settore, so che costa tanto formarlo e farlo stare bene all'interno dell'azienda manutentrice, in quanto comunque gli sono richieste tante competenze e il lavoro è stressante a lungo termine. Dev'essere assunto regolarmente, a tempo indeterminato, come operaio specializzato e tutto questo comporta delle spese.

Un'azienda manutentrice che cura e mantiene il suo manutentore gli dà un mezzo in mano, una formazione continua, la formazione sulla sicurezza sul lavoro. Quest'ultimo aspetto è di particolare importanza, perché il manutentore entra anche in cantieri dove c'è pericolo di ambienti esplosivi, entra in spazi confinati, può andare su una piattaforma o in cantieri. È una persona, quindi, che ha anche un'estrema cultura della sicurezza, in quanto gira molti cantieri e aziende e deve sapersi muovere senza rischi in tutti questi luoghi.

A questo punto, avrai sicuramente compreso che quello del manutentore non è un profilo che può costare, come si vede spesso in giro, 5 o 6 euro a controllo e che si risolve poi con una firmetta sul cartellino e via. Questo non è fare la manutenzione antincendio nella maniera corretta, assolutamente no.

A questo punto, quindi, ti chiedo: "Come mai scegli il meno caro?".

Credo che ormai tu abbia capito che meno spendi, più aumenta in proporzione la probabilità che gli impianti non funzionino quando serve, il che rende il tutto inutile e aumenta la probabilità che tu prenda una denuncia penale o una multa grave.

A questo proposito, ti elenco di seguito tutte le multe che non vorresti beccarti, mentre pensi di essere tutelato e dormi tranquillo su tre cuscini.

Ecco il famoso "Elenco di sanzioni che eviteresti volentieri". Ti stupirà sapere quanti soldi ti possa costare anche un semplice estintore non a norma appeso al muro.

1. Violazione dell'Art.17 co. 1 lett. b): Omessa designazione del responsabile del servizio di prevenzione e *protezione (punito dall'Art. 55 comma 1 lett. b con l'arresto da 3 a 6 mesi o con l'ammenda da* **2.740 a 7.014 euro***)*;

2. Violazione dell'Art. 18, comma 1 lett. d): Omessa fornitura ai lavoratori di necessari e idonei dispositivi di protezione individuale (punito dall'Art. 55 comma 5 lett. d con l'arresto da 2 a 4 mesi o con l'ammenda da **1.644 a 6.576 euro**);

3. Violazione dell'Art. 29, comma 1: Omessa valutazione dei rischi e omessa elaborazione del documento di cui all'**articolo 17, comma 1, lettera a)** (punito dall'Art. 55 comma 1 lettera a con l'arresto da 3 a 6 mesi o con l'ammenda da **2.740 a 7.014 euro**);

4. Violazione dell'Art. 37, comma 9: Mancato adempimento agli obblighi di formazione e aggiornamento periodico in relazione all'omessa formazione dei lavoratori incaricati dell'attività di prevenzione incendi e lotta antincendio, di evacuazione dei luoghi di lavoro in caso di pericolo grave ed immediato, di salvataggio e di gestione dell'emergenza (punito dall'Art. 55 comma 5 lett. c con l'arresto da 2 a 4 mesi o con l'ammenda da **1.315 a 5.699 euro**);

5. Violazione dell'Art. 46, comma 2: Omessa adozione di idonee misure per prevenire gli incendi e per tutelare l'incolumità dei lavoratori, ad es. per mancata effettuazione dei lavori di cui al progetto approvato o per mancato rispetto delle disposizioni contenute sulla regola tecnica di prevenzione incendi, ecc., (punito dall'Art. 55 comma 5 lett. c con l'arresto da 2 a 4 mesi o con l'ammenda da **1.315 a 5.699 euro**);

6. Violazione dell'Art. 64, comma 1: Il luogo di lavoro non è conforme ai requisiti di cui all'articolo 63, comma 1 per la mancanza dei seguenti requisiti indicati nell'Allegato IV:

1.5.2. Le vie e le uscite di emergenza non risultano sgombre.

1.5.5. Le vie e le uscite di emergenza non hanno altezza minima di m 2,0 e/o larghezza minima conforme alla normativa vigente in materia antincendio.

1.5.6. Le uscite di emergenza sono dotate di porte non apribili nel verso dell'esodo.

1.5.7. Le porte delle uscite di emergenza risultavano chiuse a chiave in presenza di lavoratori in azienda in assenza di specifica autorizzazione degli organi di vigilanza.

1.5.11. Le vie e le uscite di emergenza non sono dotate di un'illuminazione di sicurezza.

1.5.14.2. Le aperture nelle pareti, che permettono il passaggio di una persona e che presentano pericolo di caduta per dislivelli superiori ad un metro, non sono provviste di solida barriera o munite di parapetto normale.

4.1.3. Non sono stati predisposti mezzi ed impianti di estinzione idonei.

4.1.3. I mezzi ed impianti di estinzione non sono mantenuti in efficienza e controllati almeno una volta ogni sei mesi da personale esperto.

4.4.1. I progetti di nuovi impianti o costruzioni di cui al punto 4.3 o di modifiche di quelli esistenti, non sono stati sottoposti al preventivo parere di conformità sui progetti, da parte del Comando provinciale dei Vigili del Fuoco (NB: attività di cui alle cat. B e C dell'allegato I del DPR 151/2011)

(punito dall'Art. 68 comma 1 lett. b con l'arresto da 2 a 4 mesi o con l'ammenda da **1.096 a 5.261 euro**);

7. **Violazione dell'Art. 163, comma 1:** Omessa predisposizione di segnaletica di sicurezza conformemente alle prescrizioni di cui agli allegati da Allegato XXIV a Allegato XXXII.

(punito dall'Art. 165 comma 1 lett. a con l'arresto da 3 a 6 mesi o con l'ammenda da **2.740 a 7.014 euro**).

Allora facendo un rapido calcolo – e tenendo conto che questo è solo un estratto di alcune possibili sanzioni – potremmo dire che ogni giorno che apri la serranda della tua azienda penzola sulla tua testa una probabile sanzione che parte **da un minimo di 13.590,00€ e arriva ai 44.277,00€**.

Il manutentore antincendio e il conflitto d'interessi

Data la criticità e peculiarità della figura del manutentore, non è raro incorrere in truffe nell'ambito della manutenzione antincendio. Questo settore è pieno d'insidie, ed è per questo che ho deciso di dare il mio contributo per cercare di salvare più imprenditori possibili.

Tutto inizia da te, o meglio, inizia da una mentalità purtroppo molto diffusa che sta mietendo tantissime vittime. Vorrei partire da una domanda.

Perché molti fanno l'errore di delegare la manutenzione al meno caro?

Come ti ho detto, la materia è molto complessa, coinvolge vari attori ed è regolamentata da un'infinità di norme e decreti, da cui derivano delle precise responsabilità. Imprenditori e amministratori non sono molto consapevoli dei rischi ai quali vanno incontro, né tantomeno comprendono le responsabilità civili e penali che hanno.

Certo, ne hanno una vaga idea, perché comunque negli anni la sensibilità su queste tematiche è aumentata, anche grazie ai corsi antincendio. Però, questa cultura ancora non c'è, tant'è vero che ancora oggi, durante le trattative, troppi imprenditori e amministratori vedono i preventivi e scelgono il meno caro. Per carità, sono liberissimi di farlo, ma è bene sapere che questo approccio è contestabile di fronte a un giudice, perché va tutto bene finché non succede nulla, e quando poi succede qualcosa, la scelta del manutentore meno caro non è un principio giusto. In giurisprudenza si parla, infatti, di "culpa in eligendo" e "culpa in vigilando". Sono due responsabilità che fanno capo al datore di lavoro, ma che sono sconosciute agli imprenditori. Questi termini sono di uso comune più nelle aule di tribunale che nelle aziende, ma ti conviene prenderci confidenza.

Vuol dire che non sei solo tenuto a vigilare direttamente sull'operato del tuo manutentore antincendio, ma che per vigilare devi avere le specifiche competenze.

Tuttavia, ciò non basta. Il giudice, infatti, può accusare il datore di lavoro di "culpa in eligendo" perché affida la manutenzione antincendio a una società esterna che non è dotata di sufficienti capacità organizzative, competenza ed esperienza, cioè il prezzo non è neanche contemplato.

Capito? Quindi non basta scegliere in base al costo per stare tranquilli, perché poi ti ritrovi con manutenzioni non fatte o fatte male e in caso di controllo, o peggio d'incendio, queste lacune vengono fuori. E dal momento che sei tu il responsabile, indovina come andrà a finire in tribunale... Il giudice non tollera questo tipo di comportamento. In caso di malfunzionamento antincendio, non ti salva certo un cartellino messo a caso.

Ho personalmente conosciuto aziende che tutti gli anni fanno indagini di mercato per andare a scegliere chi costi meno. Si tratta di aziende più o meno grandi, che hanno bisogno di fare dei piani per far quadrare i conti a fine anno.

Ti faccio un esempio. Un'azienda ha 200 estintori e 30 idranti. Chiedono preventivi "copia incolla" a tutti e poi si affidano puntualmente a chi costa meno. Fanno questo seguendo una semplice logica di appalto, perché esiste sempre qualcuno che per vari motivi abbassa la tariffa: ha bisogno di fatturare il più possibile, magari perché l'azienda va male. Ma stai attento, perché spesso il costo basso vuol dire spese basse a monte. Di certo non ti propongono certe tariffe economiche perché sono buoni, magari risparmiano su aspetti fondamentali.

Personalmente, per esempio, mi è capitato di fare manutenzioni su impianti a schiuma, anche molto complessi a protezione di depositi di carburante da migliaia di litri, impianti con 7-8 valvole automatiche, dove tre mesi prima c'era stata un'azienda di manutenzione. Di conseguenza, pensavo di fare una tranquilla presa in carico e ritornare per interventi successivi, invece mi sono ritrovato con pompe miscelatrici inchiodate e valvole che non funzionavano. Insomma, l'impianto non funzionava e non si sarebbe attivato in caso d'incendio. Ma nel rapporto precedente non era stata rilevata nessuna anomalia.

Ora, di fronte a una roba del genere, è bene che il datore di lavoro sappia che non si salva. Se c'è un incendio, queste cose vengono fuori perché il giudice poi prende in mano le carte. Se non hai vigilato e non hai scelto correttamente il manutentore, non ti salvi dall'aspetto penale della situazione e nemmeno dai risarcimenti.

Pensi abbia senso questa mentalità a livello aziendale? Forse conviene rivedere il ruolo della manutenzione antincendio come vero e proprio asset strategico. È inutile che risparmi 3000 € all'anno sulla manutenzione e poi, se una volta succede qualcosa, l'azienda viene completamente travolta, anche finanziariamente, e vieni compromesso anche tu a livello personale. Non ha senso.

Occorre, invece, vedere la manutenzione come un valore aggiunto, come un fattore di competitività nel mercato, perché se gli impianti fanno il loro lavoro, possono salvare l'azienda, magari riducendo estremamente i giorni di fermo a causa di un incendio. Fin qui abbiamo parlato del tuo ruolo, ma voglio anche parlare dei problemi dei manutentori antincendio, perché anche loro ne hanno. Uno di questi, molto importante, è di tipo logistico, perché il cliente finale non si rende conto del lavoro enorme che c'è di formazione, controllo, aggiornamento documentale, evoluzione...

Nemmeno per i manutentori è facile fare il proprio lavoro, perché le normative sono estremamente dinamiche, quasi tutti i mesi c'è qualche novità.

Inoltre, c'è il problema di addestrare i manutentori e qua si entra in un capitolo ancora più grande, perché molto spesso è proprio in questo aspetto che risparmia chi ha le tariffe basse.

Innanzitutto, è importante che ci sia poco turn-over, perché è difficile trovare i manutentori antincendio formati e bravi.

Le aziende che costano poco hanno un grande turn-over e, logicamente, se nel personale hanno questo forte ricambio, avranno in organico sempre manutentori junior poco formati, che non sono assolutamente preparati ad affrontare con professionalità situazioni impiantistiche.

Un manutentore antincendio è una figura particolarissima, difficile da formare, ci vogliono anni di esperienza, anni di formazione, anni di soldi investiti sulle persone. Ci vogliono anni per formare persone che abbiano non solo competenze specifiche, ma anche una visione della prevenzione a 360°.

È veramente un lavoro complesso, perché quando ti affacci su un'azienda che ha 2-3 tipi di impianti coordinati fra di loro, bisogna conoscerli tutti e avere un'ottica importante sulla prevenzione incendi, non solo sull'impianto in sé.

I soldi che gli imprenditori spendono nel canone di

manutenzione devono essere visti non solo quando il manutentore viene in azienda. C'è tutto il lavoro di gestione a monte, di preparazione delle attrezzature, il know how tecnico da assimilare, le normative da acquistare, che costano tanto ma sono indispensabili per poi fare il lavoro sul campo.

Non si può fare il conto sul tempo in azienda per fare il giro degli estintori e degli impianti, né tantomeno il numero di estintori manutenzionati può costituire un criterio di scelta. In questo momento, mi rivolgo specialmente agli enti appaltanti pubblici. Il manutentore antincendio ha anche importantissime responsabilità, che condivide con il datore di lavoro e con i responsabili del settore, non è una figura professionale normale.

Questo aspetto viene ancora oggi completamente sottovalutato e, in un capitolo successivo, te ne parlerò meglio. Il manutentore è, invece, un amico, è una persona che più costa meglio è, perché è strategico ai fini aziendali. Infatti, un'anomalia segnalata o non segnalata fa la differenza nel funzionamento di un impianto.

È da vent'anni che lotto con questo tipo di situazione. Ho vissuto l'evoluzione del mercato antincendio e ho personalmente scoperto truffe su truffe nell'ambito della manutenzione: interventi non fatti, cambi polvere non eseguiti ma fatti pagare, cartellini messi senza che nessuna dotazione fosse mai stata toccata...E ovviamente c'è molta omertà, perché le persone non dicono volentieri di essere state truffate, però ti assicuro che da addetto ai lavori ho visto tante, ma tante situazioni di gravi anomalie.

Tutte queste situazioni accadono perché non ci sono ancora i giusti controlli e non c'è ancora nell'imprenditore la mentalità di pensare alla manutenzione come un asset strategico per cui pagare i giusti soldi. Al contrario, la manutenzione costituisce un vero e proprio investimento.

Ecco perché ho deciso di creare il *Sistema Manutenzione Protetta*®. Mi sono detto: "Aiuterò l'imprenditore a risolvere questo conflitto d'interessi". L'imprenditore è già in difficoltà nel capire chi ha davanti, perché purtroppo il più delle volte non ha le competenze per giudicare, per cui a questo punto sorge un vero e proprio conflitto d'interessi. L'imprenditore, infatti, pensando che quelli spesi nella manutenzione antincendio siano soldi buttati, delega a caso, senza sapere in realtà cosa stia delegando, in quanto ritiene, ingenuamente, che comunque un cartellino lo salverà dalle denunce.

Inoltre, mi sono accorto che quando un'azienda deve fare manutenzione, incontra subito delle difficoltà. Le tipologie d'impianto sono diverse, hanno delle competenze di base necessarie completamente differenti. Per esempio, un impianto di rivelazione fumi prevede più competenze di tipo elettrico ed elettronico; un impianto sprinkler, che funziona ad acqua, prevede competenze di tipo idraulico; le pompe antincendio possono essere elettriche o diesel, quindi entrano nel campo delle competenze di tipo motoristico e via dicendo.

Tutto poi dev'essere coadiuvato da competenze sulla prevenzione incendi e conoscenza normativa.

Inoltre, possono generarsi rifiuti, prodotti dalla manutenzione e dallo stesso uso degli impianti, quindi servono competenze sullo smaltimento e sulla gestione dei rifiuti stessi.

Il manutentore antincendio ha tantissime competenze multidisciplinari, perché sono tutte essenziali per svolgere il suo lavoro. Quando deleghi a un elettricista o un idraulico, stai attento perché questi professionisti possono essere privi di alcune delle competenze richieste. Questa problematica è spesso del tutto ignorata dagli imprenditori, che si ritrovano così con professionisti non all'altezza di gestire al meglio gli impianti.

Il *Sistema Manutenzione Protetta*® gestisce tutti gli impianti al posto tuo, un enorme vantaggio per te che non hai tempo da perdere. L'imprenditore deve controllare e vigilare, avendo però rapporti con un solo interlocutore, senza stare dietro ai vari professionisti.

Immagina. Hai l'elettricista per la rivelazione fumi, l'idraulico per la parte idraulica, il motorista per il gruppo elettrogeno e la pompa antincendio, ma il loro lavoro è un altro, non hanno il focus sulla manutenzione. Magari non vengono entro i termini delle semestralità, devi sempre richiamarli, ci sono diversi documenti di rischi da integrare tra di loro, problemi nei pagamenti e sui servizi. Insomma, avere a che fare con tre o quattro aziende per la manutenzione è veramente ingestibile, perché magari l'idraulico lo chiami, ma non può venire perché sta facendo un altro impianto o un'altra installazione, ma per te c'è il rischio penale se salti la semestralità. Quell'idraulico non sa cosa sia un registro, né tantomeno un verbale, non è aggiornato sulle norme, perché in realtà lui fa altre cose, non ha una specializzazione in quel settore.

Questo è il problema fondamentale che molti amministratori e imprenditori si trovano ad affrontare e con il *Sistema Manutenzione Protetta®* gestisco tutti gli impianti, le non conformità e le successive riparazioni. Questo è un valore aggiunto enorme, perché hai un unico interlocutore specializzato.

Sta proprio qui una delle differenze tra la mia soluzione e quella degli altri. Il mio sistema, infatti, ti permette ovviamente anche di bypassare complessità, norme, decreti, velocità di cambiamento e aggiornamento delle tecnologie antincendio. Tu, imprenditore, devi agire secondo il principio del buon padre di famiglia, cioè devi fare un ragionamento sempre tutelativo.

Ecco alcuni esempi di imprenditori che hanno capito finalmente che era arrivato il momento di gestire nella maniera corretta le manutenzioni.

VITTORIO VERACINI

Come responsabile della Residenza dei Cavalleggeri e del Centro Benessere Cavalleggeri Spa & Beauty confermo la professionalità e serietà di questa azienda: da consigliare!

ALESSANDRO SCHEVEGER

Un'azienda che sensibilizza è un'azienda seria a prescindere e va premiata quanto più possibile, per questo il mio studio di progettazione ve la consiglia!

Non si può risparmiare e fare un taglio lineare su sicurezza e antincendio. Non è assolutamente più accettata e accettabile questa cosa, non ti salverà dalle denunce né tantomeno ti salverà dai danni di un incendio.

3 ♂

Il ruolo cruciale della progettazione antincendio per la tua attività

Prima di iniziare questo viaggio nel complesso mondo della manutenzione antincendio, occorre fare un passo indietro e pensare a cosa succede prima. In quanto titolare di attività oppure amministratore di condominio, infatti, molto probabilmente dovrai affrontare la progettazione antincendio, ed è proprio per questo che ritengo sia importante darti delle basi di partenza per poter affrontare un colloquio con un professionista antincendio. In questo modo, saprai almeno da dove iniziare.

Per prima cosa, occorre fare una distinzione tra attività soggette al controllo dei Vigili del Fuoco e attività non soggette.

In termini pratici, esistono delle attività che diciamo sono "censite" come tipologia in un apposito decreto (D.M. 151 1/08/2011) che sono dette per l'appunto attività soggette, e altre escluse da tale elenco che invece non lo sono.

Ma perché esiste questa distinzione? Il decreto individua delle fattispecie standardizzate per le quali le autorità hanno, per così dire, un occhio di riguardo data la loro intrinseca pericolosità. In pratica, sono attività considerate più rischiose rispetto ad altre.

Le attività non soggette al controllo sono tutte quelle che non sono comprese in tale elenco.

Questo decreto non solo ha sostituito il precedente con sostanziali modifiche e integrazioni all'elenco, ma ha anche cambiato la procedura per l'espletamento delle pratiche burocratiche.

Ti riporto nella pagina seguente, l'elenco aggiornato delle attività soggette, preso direttamente dal sito dei Vigili del Fuoco[1].

Attività 1: Stabilimenti ed impianti ove si producono e/o impiegano gas infiammabili e/o comburenti con quantità globali in ciclo superiori a 25 Nm3/h;

Attività 2: Impianti di compressione o di decompressione dei gas infiammabili e/o comburenti con potenzialità superiore a 50 Nm3/h, con esclusione dei sistemi di riduzione del gas naturale inseriti nelle reti di distribuzione con pressione di esercizio non superiore a 0,5 MPa;

Attività 3: Impianti di riempimento, depositi, rivendite di gas infiammabili in recipienti mobili:

- compressi con capacità geometrica complessiva superiore o uguale a 0,75 m3;
- disciolti o liquefatti per quantitativi in massa complessivi superiori o uguali a 75 kg.

Attività 4: Depositi di gas infiammabili in serbatoi fissi:

- compressi per capacità geometrica complessiva superiore o uguale a 0, 75 m3;
- disciolti o liquefatti per capacità geometrica complessiva superiore o uguale a 0,3 m3;

Attività 5: Depositi di gas comburenti compressi e/o liquefatti in serbatoi fissi e/o recipienti mobili per capacità geometrica complessiva superiore o uguale a 3 m3;

Attività 6: Reti di trasporto e di distribuzione di gas infiammabili, compresi quelli di origine petrolifera o chimica, con esclusione delle reti di distribuzione e dei relativi impianti con pressione di esercizio non superiore a 0,5 MPa;

Attività 7: Centrali di produzione di idrocarburi liquidi e gassosi e di stoccaggio sotterraneo di gas naturale, piattaforme fisse e strutture fisse assimilabili, di perforazione e/o produzione di idrocarburi di cui al decreto del Presidente della Repubblica 24 maggio 1979, n. 886 ed al decreto legislativo 25 novembre 1996, n. 624;

Attività 8: Oleodotti con diametro superiore a 100 mm;

Attività 9: Officine e laboratori con saldatura e taglio dei metalli utilizzanti gas infiammabili e/o comburenti, con oltre 5 addetti alla mansione specifica di saldatura o taglio;

Attività 10: Stabilimenti ed impianti ove si producono e/o impiegano, liquidi infiammabili e/o combustibili con punto di infiammabilità fino a 125 °C, con quantitativi globali in ciclo e/o in deposito superiori a 1 m3;

Attività 11: Stabilimenti ed impianti per la preparazione di oli lubrificanti, oli diatermici e simili, con punto di infiammabilità superiore a 125 °C, con quantitativi globali in ciclo e/o in deposito superiori a 5 m3;

Attività 12: Depositi e/o rivendite di liquidi infiammabili e/o combustibili e/o oli lubrificanti, diatermici, di qualsiasi derivazione, di capacità geometrica complessiva superiore a 1 m3;

Attività 13: Impianti fissi di distribuzione carburanti per l'autotrazione, la nautica e l'aeronautica; contenitori - distributori rimovibili di carburanti liquidi:

- Impianti di distribuzione carburanti liquidi;
- Impianti fissi di distribuzione carburanti gassosi e di tipo misto (liquidi e gassosi).

Attività 14: Officine o laboratori per la verniciatura con vernici infiammabili e/o combustibili con oltre 5 addetti;

Attività 15: Depositi e/o rivendite di alcoli con concentrazione superiore al 60% in volume di capacità geometrica superiore a 1 m3;

Attività 16: Stabilimenti di estrazione con solventi infiammabili e raffinazione di oli e grassi vegetali ed animali, con quantitativi globali di solventi in ciclo e/o in deposito superiori a 0,5 m3;

Attività 17: Stabilimenti ed impianti ove si producono, impiegano o detengono sostanze esplodenti classificate come tali dal regolamento di esecuzione del testo unico delle leggi di pubblica sicurezza approvato con regio decreto 6 maggio 1940, n. 635, e successive modificazioni ed integrazioni;

Attività 18: Esercizi di minuta vendita e/o depositi di sostanze esplodenti classificate come tali dal regolamento di esecuzione del testo unico delle leggi di pubblica sicurezza approvato con regio decreto 6 maggio 1940, n. 635, e successive modificazioni ed integrazioni. Esercizi di vendita di artifici pirotecnici declassificati in "libera vendita" con quantitativi complessivi in vendita e/o deposito superiori a 500 kg, comprensivi degli imballaggi;

Attività 19: Stabilimenti ed impianti ove si producono, impiegano o detengono sostanze instabili che possono dar luogo da sole a reazioni pericolose in presenza o non di catalizzatori ivi compresi i perossidi organici;

Attività 20: Stabilimenti ed impianti ove si producono, impiegano o detengono nitrati di ammonio, di metalli alcalini e alcalino-terrosi, nitrato di piombo e perossidi inorganici;

Attività 21: Stabilimenti ed impianti ove si producono, impiegano o detengono sostanze soggette all'accensione spontanea e/o sostanze che a contatto con l'acqua sviluppano gas infiammabili;

Attività 22: Stabilimenti ed impianti ove si produce acqua ossigenata con concentrazione superiore al 60% di perossido di idrogeno;

Attività 23: Stabilimenti ed impianti ove si produce, impiega e/o detiene fosforo e/o sesquisolfuro di fosforo;

Attività 24: Stabilimenti ed impianti per la macinazione e la raffinazione dello zolfo; depositi di zolfo con potenzialità superiore a 10.000 kg;

Attività 25: Fabbriche di fiammiferi; depositi di fiammiferi con quantitativi in massa superiori a 500 kg;

Attività 26: Stabilimenti ed impianti ove si produce, impiega o detiene magnesio, elektron e altre leghe ad alto tenore di magnesio;

Attività 27: Mulini per cereali ed altre macinazioni con potenzialità giornaliera superiore a 20.000 kg;
Depositi di cereali e di altre macinazioni con quantitativi in massa superiori a 50.000 kg;

Attività 28: Impianti per l'essiccazione di cereali e di vegetali in genere con depositi di prodotto essiccato con quantitativi in massa superiori a 50.000 kg;

Attività 29: Stabilimenti ove si producono surrogati del caffè;

Attività 30: Zuccherifici e raffinerie dello zucchero;

Attività 31: Pastifici e/o riserie con produzione giornaliera superiore a 50.000 kg;

Attività 32: Stabilimenti ed impianti ove si lavora e/o detiene foglia di tabacco con processi di essiccazione con oltre 100 addetti o con quantitativi globali in ciclo e/o in deposito superiori a 50.000 kg;

Attività 33: Stabilimenti ed impianti per la produzione della carta e dei cartoni e di allestimento di prodotti cartotecnici in genere con oltre 25 addetti o con materiale in lavorazione e/o in deposito superiore a 50.000 kg;

Attività 34: Depositi di carta, cartoni e prodotti cartotecnici, archivi di materiale cartaceo, biblioteche, depositi per la cernita della carta usata, di stracci di cascami e di fibre tessili per l'industria della carta, con quantitativi in massa superiori a 5.000 kg;

Attività 35: Stabilimenti, impianti, depositi ove si producono, impiegano e/o detengono carte fotografiche, calcografiche, eliografiche e cianografiche, pellicole cinematografiche, radiografiche e fotografiche con materiale in lavorazione e/o in deposito superiore a 5.000 kg;

Attività 36: Depositi di legnami da costruzione e da lavorazione, di legna da ardere, di paglia, di fieno, di canne, di fascine, di carbone vegetale e minerale, di carbonella, di sughero e di altri prodotti affini con quantitativi in massa superiori a 50.000 kg con esclusione dei depositi all'aperto con distanze di sicurezza esterne superiori a 100 m;

Attività 37: Stabilimenti e laboratori per la lavorazione del legno con materiale in lavorazione e/o in deposito superiore a 5.000 kg;

Attività 38: Stabilimenti ed impianti ove si producono, lavorano e/o detengono fibre tessili e tessuti naturali e artificiali, tele cerate, linoleum e altri prodotti affini, con quantitativi in massa superiori a 5.000 kg;

Attività 39: Stabilimenti per la produzione di arredi, di abbigliamento, della lavorazione della pelle e calzaturifici, con oltre 25 addetti;

Attività 40: Stabilimenti ed impianti per la preparazione del crine vegetale, della trebbia e simili, lavorazione della paglia, dello sparto e simili, lavorazione del sughero, con quantitativi in massa in lavorazione o in deposito superiori a 5.000 kg;

Attività 41: Teatri e studi per le riprese cinematografiche e televisive;

Attività 42: Laboratori per la realizzazione di attrezzerie e scenografie, compresi i relativi depositi, di superficie complessiva superiore a 200 m2;

Attività 43: Stabilimenti ed impianti per la produzione, lavorazione e rigenerazione della gomma e/o laboratori di vulcanizzazione di oggetti di gomma, con quantitativi in massa superiori a 5.000 kg; Depositi di prodotti della gomma, pneumatici e simili, con quantitativi in massa superiori a 10.000 kg;

Attività 44: Stabilimenti, impianti, depositi ove si producono, lavorano e/o detengono materie plastiche, con quantitativi in massa superiori a 5.000 kg;

Attività 45: Stabilimenti ed impianti ove si producono e lavorano resine sintetiche e naturali, fitofarmaci, coloranti organici e intermedi e prodotti farmaceutici con l'impiego di solventi ed altri prodotti infiammabili;

Attività 46: Depositi di fitofarmaci e/o di concimi chimici a base di nitrati e/o fosfati con quantitativi in massa superiori a 50.000 kg;

Attività 47: Stabilimenti ed impianti per la fabbricazione di cavi e conduttori elettrici isolati, con quantitativi in lavorazione e/o in deposito superiori a 10.000 kg;
depositi e/o rivendite di cavi elettrici isolati con quantitativi superiori a 10.000 kg;

Attività 48 : Centrali termoelettriche, macchine elettriche fisse con presenza di liquidi isolanti combustibili in quantitativi superiori a 1 m3;

Attività 49: Gruppi per la produzione di energia elettrica sussidiaria con motori endotermici ed impianti di cogenerazione di potenza complessiva superiore a 25 kW;

Attività 50: Stabilimenti ed impianti ove si producono lampade elettriche e simili, pile ed accumulatori elettrici e simili, con oltre 5 addetti;

Attività 51: Stabilimenti siderurgici e per la produzione di altri metalli con oltre 5 addetti; attività comportanti lavorazioni a caldo di metalli con oltre 5 addetti ad esclusione dei laboratori artigiani di oreficeria ed argenteria fino a 25 addetti;

Attività 52: Stabilimenti, con oltre 5 addetti, per la costruzione di aeromobili, veicoli a motore, materiale rotabile ferroviario e tramviario, carrozzerie e rimorchi per autoveicoli; cantieri navali con oltre 5 addetti;

Attività 53: Officine per la riparazione di:

- veicoli a motore, rimorchi per autoveicoli e carrozzerie, di superficie coperta superiore a 300 m2;
- materiale rotabile tramviario e di aeromobili, di superficie coperta superiore a 1000 m2;

Attività 54: Officine meccaniche per lavorazioni a freddo con oltre 25 addetti;

Attività 55: Attività di demolizioni di veicoli e simili con relativi depositi, di superficie superiore a 3000 m2;

Attività 56: Stabilimenti ed impianti ove si producono laterizi, maioliche, porcellane e simili con oltre 25 addetti;

Attività 57: Cementifici con oltre 25 addetti;

Attività 58: Pratiche di cui al D.Lgs. 230/95 s.m.i. soggette a provvedimenti autorizzativi (art. 27 del D.Lgs. 230/95 ed art. 13 legge 31 dicembre 1962, n. 1860);

Attività 59: Autorimesse adibite al ricovero di mezzi utilizzati per il trasporto di materie fissili speciali e di materie radioattive (art. 5 della legge 31 dicembre 1962, n. 1860, sostituito dall'art. 2 del decreto del Presidente della Repubblica 30 dicembre 1965, n. 1704; art. 21 del D.Lgs. 230/95);

Attività 60: Impianti di deposito delle materie nucleari ed attività assoggettate agli artt. 33 e 52 del decreto legislativo 17 marzo 1995, n. 230 e s.m.i. , con esclusione dei depositi in corso di spedizione;

Attività 61: Impianti nei quali siano detenuti combustibili nucleari o prodotti o residui radioattivi [art. 1, lettera b) della legge 31 dicembre 1962, n. 1860];

Attività 62: Impianti relativi all'impiego pacifico dell'energia nucleare ed attività che comportano pericoli di radiazioni ionizzanti derivanti dal predetto impiego:

- impianti nucleari;
- reattori nucleari, eccettuati quelli che facciano parte di un mezzo di trasporto;
- impianti per la preparazione o fabbricazione delle materie nucleari;
- impianti per la separazione degli isotopi;
- impianti per il trattamento dei combustibili nucleari irradianti;
- attività di cui agli artt. 36 e 51 del decreto legislativo 17 marzo 1995, n. 230 e s.m.i.

Attività 63: Stabilimenti per la produzione, depositi di sapone, di candele e di altri oggetti di cera e di paraffina, di acidi grassi, di glicerina grezza quando non sia prodotta per idrolisi, di glicerina raffinata e distillata ed altri prodotti affini, con oltre 500 kg di prodotto in lavorazione e/o deposito;

Attività 64: Centri informatici di elaborazione e/o archiviazione dati con oltre 25 addetti;

Attività 65: Locali di spettacolo e di trattenimento in genere, impianti e centri sportivi, palestre, sia a carattere pubblico che privato, con capienza superiore a 100 persone, ovvero di superficie lorda in pianta al chiuso superiore a 200 m2. Sono escluse le manifestazioni temporanee, di qualsiasi genere, che si effettuano in locali o luoghi aperti al pubblico;

Attività 66: Alberghi, pensioni, motel, villaggi albergo, residenze turistico - alberghiere, studentati, villaggi turistici, alloggi agrituristici, ostelli per la gioventù, rifugi alpini, bed & breakfast, dormitori, case per ferie, con oltre 25 posti-letto; Strutture turistico-ricettive nell'aria aperta (campeggi, villaggi-turistici, ecc.) con capacità ricettiva superiore a 400 persone;

Attività 67: Scuole di ogni ordine, grado e tipo, collegi, accademie con oltre 100 persone presenti; asili nido con oltre 30 persone presenti;

Attività 68: Strutture sanitarie che erogano prestazioni in regime di ricovero ospedaliero e/o residenziale a ciclo continuativo e/o diurno, case di riposo per anziani con oltre 25 posti letto; Strutture sanitarie che erogano prestazioni di assistenza specialistica in regime ambulatoriale, ivi comprese quelle riabilitative, di diagnostica strumentale e di laboratorio, di superficie complessiva superiore a 500 m2;

Attività 69: Locali adibiti ad esposizione e/o vendita all'ingrosso o al dettaglio, fiere e quartieri fieristici, con superficie lorda superiore a 400 m2 comprensiva dei servizi e depositi. Sono escluse le manifestazioni temporanee, di qualsiasi genere, che si effettuano in locali o luoghi aperti al pubblico;

Attività 70: Locali adibiti a depositi di superficie lorda superiore a 1000 m2 con quantitativi di merci e materiali combustibili superiori complessivamente a 5000 kg;

Attività 71: Aziende ed uffici con oltre 300 persone presenti;

Attività 72: Edifici sottoposti a tutela ai sensi del D.Lgs. 22 gennaio 2004, n. 42 destinati a contenere biblioteche ed archivi, musei, gallerie, esposizioni e mostre, nonché qualsiasi altra attività contenuta nel presente Allegato;

Attività 73: Edifici e/o complessi edilizi a uso terziario e/o industriale caratterizzati da promiscuità strutturale e/o dei sistemi delle vie di esodo e/o impiantistica con presenza di persone superiore a 300 unità, ovvero di superficie complessiva superiore a 5000 m2, indipendentemente dal numero di attività costituenti e dalla relativa diversa titolarità;

Attività 74: Impianti per la produzione di calore alimentati a combustibile solido, liquido o gassoso con potenzialità superiore a 116 kW;

Attività 75: Autorimesse pubbliche e private, parcheggi pluriplano e meccanizzati di superficie complessiva superiore a 300 m2; locali adibiti al ricovero di natanti ed aeromobili di superficie superiore a 500 m2; depositi di mezzi rotabili al chiuso (treni, tram ecc.) di superficie superiore a 1000 m2;

Attività 76: Tipografie, litografie, stampa in offset ed attività similari con oltre cinque addetti;

Attività 77: Edifici destinati ad uso civile, con altezza antincendio superiore a 24 m;

Attività 78: Aerostazioni, stazioni ferroviarie, stazioni marittime, con superficie coperta accessibile al pubblico superiore a 5000 m2; metropolitane in tutto o in parte sotterranee;

Attività 79: Interporti con superficie superiore a 20.000 m2;

Attività 80: Gallerie stradali di lunghezza superiore a 500 m e ferroviarie superiori a 2000 m.

Ogni attività è divisa in 3 sotto categorie, ognuna delle quali identifica una classe di rischio:

A basso rischio
B medio rischio
C alto rischio

In base alla tua categoria di rischio, quindi, occorre adempiere ad obblighi di adeguamento documentale e impiantistico per poter procedere con la propria attività lavorativa.

Ogni attività di classe di rischio A e B ha un proprio specifico decreto, pertanto, il tecnico abilitato dai VVF dovrà progettare la sicurezza antincendio sulla base di tali decreti.

Sul sito istituzionale dei VVF potrai fare una ricerca sul database ufficiale per trovare il tecnico abilitato a fare le pratiche antincendio.

Di seguito trovi un breve schema di come funziona tutto il procedimento.

Procedimenti di prevenzione incendi secondo il D.P.R. 151/2011

1	Nulla Osta di Fattibilità – NOF	Articolo 8
2	Valutazione del Progetto - VP	Articolo 3
3	Verifica in corso d'opera - VCO	Articolo 9
4	Segnalazione Certificata di Inizio Attività - SCIA	Articolo 4
5	Deroga	Articolo 7
6	Attestazione di rinnovo periodico di conformità antincendio - ARPCA	Articolo 8

Una volta individuato il progettista, sarà compito suo:

- individuare i pericoli d'incendio
- descrivere le condizioni ambientali
- valutare il rischio
- compensare il rischio incendio
- gestire l'emergenza

Il tuo compito, invece, sarà quello di mettere in opera, attraverso aziende qualificate, tutte le disposizioni di sicurezza che il progettista ti ha indicato.

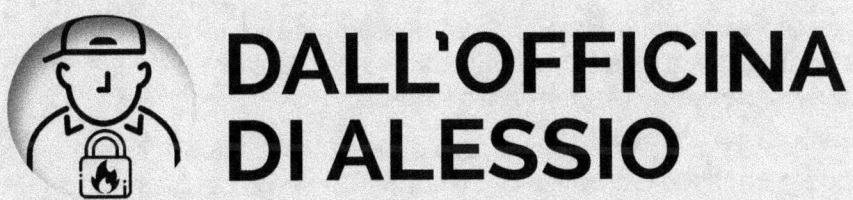

DALL'OFFICINA DI ALESSIO

Molti titolari di aziende confondono la fine del procedimento con il raggiungimento di un traguardo.

L'ottenimento delle autorizzazioni da parte dei VVF è in realtà un punto di partenza!

Da quel momento, in effetti, subentra la manutenzione antincendio, che ha il ruolo di mantenere in stato di efficienza tutte le misure antincendio previste inizialmente dal progettista.

La Scia o CPI è solamente il punto di inizio e non un punto di arrivo.

Le autorizzazioni non sono prive di scadenza e il loro rinnovo è affidato alla figura dell'asseveratore, che è solitamente il tecnico che ha progettato inizialmente l'attività.

In questo caso, in fase di rinnovo delle autorizzazioni, assevera cioè garantisce e certifica per iscritto attraverso perizia giurata, che le prestazioni degli impianti soddisfino ancora i criteri di progetto e che il rischio incendio sia invariato.

Solitamente, il progettista collabora con il manutentore antincendio, facendo delle dichiarazioni prestazionali di impianto che testa insieme a lui. Il manutentore conosce l'impianto ed è in grado di gestirlo e fare test in sicurezza. Noi lavoriamo in sinergia con i progettisti, mediante un rapporto di tipo win-win, tutti insieme collaboriamo per il miglioramento della sicurezza antincendio.

L'avvento del D.P.R. 151/2011, cioè il nuovo regolamento di prevenzione incendi, ha cambiato di molto il ruolo del professionista antincendio, poiché ne ha determinato un maggior coinvolgimento su tutti i livelli. Come avrai capito, è la figura chiave alla quale il legislatore ha dato ampie responsabilità in relazione al procedimento di prevenzione incendi, questo sia in fase di un nuovo atto che in quello di asseveratore durante i rinnovi.

Tutto questo è stato evidente, in particolar modo, nel superamento del D.M. 04/05/1998 attraverso l'adozione del D.M. 07/08/2012, infatti tutte le certificazioni e asseverazioni a corredo della SCIA sono in capo al progettista antincendio.

Parallelamente, anche il ruolo dei Vigili del Fuoco si è modificato di molto. Prima del D.P.R. 151/2011, infatti, il funzionario preposto effettuava dei controlli preventivi sull'attività, c'era anche molto dialogo con i tecnici sulle misure da adottare o anche semplicemente sull'aspetto normativo.

Già in fase preventiva, il funzionario quindi si occupava di verificare il rispetto della normativa antincendio e non solo nella fase finale. Solo in caso di esito positivo della pratica, veniva rilasciato il CPI (certificato prevenzione incendi). Il CPI rappresentava, quindi, l'atto conclusivo di un iter di procedure concordate in itinere, basato su documentazioni tecniche acquisite dal professionista antincendio.

Oggi il ruolo centrale del progettista antincendio, invece, prevede una formula basata sul modello dell'autocertificazione.

Visto che il libro è rivolto agli imprenditori, non voglio entrare troppo nei tecnicismi, ma il mio consiglio è quello di affidarsi solamente a tecnici abilitati con comprovata esperienza.

Una volta ottenute le necessarie scartoffie, devi avere anche gli impianti antincendio progettati e installati secondo normativa, corredati di manuale di uso e manutenzione e dichiarazione di corretta posa in opera da impresa abilitata, cioè che riporta la lettera G (impianti di protezione antincendio) come abilitazione nell'apposita sezione del camerale.

Questa è la base corretta di partenza per la successiva presa in carico e manutenzione, secondo le normative tecniche.

Se la mia attività non rientra tra quelle soggette a controllo?

Se la tua attività non è compresa tra quelle soggette a controllo, occorre rifarsi a due decreti in particolare il DM 10/03/98 (in fase di aggiornamento) e il DM 81/08*.

---

*NB: Il DM 81 ha subito una riorganizzazione importante di recente, non farò cenni su questo poiché alla stesura del manoscritto le modifiche non erano ancora state pubblicate ufficialmente.

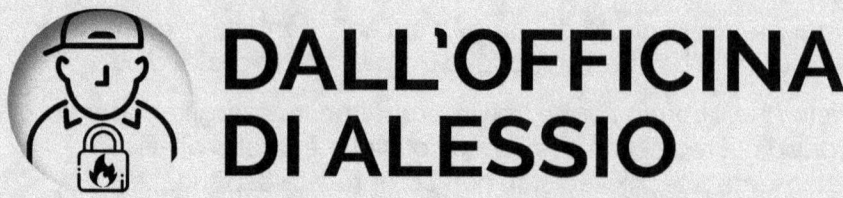

DALL'OFFICINA DI ALESSIO

Per ricadere nell'obbligo di installazione di estintori, basta avere un dipendente, un socio, un collaboratore anche familiare, oppure è necessario che all'interno dell'azienda transitino altri lavoratori come ad esempio ditte di pulizie.

È evidente che anche il condominio, pur non ricadente nelle attività soggette al controllo dei VVF, incorre nell'obbligo dell'installazione degli estintori.

Basti pensare a tutte le persone che transitano all'interno di esso: colf, badanti, muratori ecc.

In questo caso, l'amministratore di condominio si configura come datore di lavoro e custode di tutte le responsabilità civili e penali del caso.

I decreti citati prima sanciscono l'obbligo di effettuare la valutazione del rischio, compreso il rischio incendio.

Solitamente, ci si limita all'installazione di estintori e cartellonistica poiché si parla di attività a rischio basso, quindi esenti dall'installazione di impianti speciali.

In fase di valutazione, il tuo RSPP potrebbe però ritenere necessaria l'installazione di un impianto antincendio, ma si tratta di casi che vanno visti di volta in volta.

Riporto il punto 3 e 4 del decreto DM 10/03/98:

Articolo 3 - Misure preventive, protettive e precauzionali di esercizio

1. All'esito della valutazione dei rischi di incendio, il datore di lavoro adotta le misure finalizzate a:

a) ridurre la probabilità di insorgenza di un incendio secondo i criteri di cui all'allegato II;

b) realizzare le vie e le uscite di emergenza previste dall'articolo 13 del decreto del Presidente della Repubblica 27aprile 1955, n. 547, di seguito denominato DPR n. 547/1955, così come modificato dall'articolo 33 del decreto legislativo n. 626/1994, per garantire l'esodo delle persone in sicurezza in caso di incendio, in conformità ai requisiti di cui all'allegato III;

c) realizzare le misure per una rapida segnalazione dell'incendio al fine di garantire l'attivazione dei sistemi di allarme e delle procedure di intervento, in conformità ai criteri di cui all'allegato IV;

d) assicurare l'estinzione di un incendio in conformità ai criteri di cui all'allegato V;

e) garantire l'efficienza dei sistemi di protezione antincendio secondo i criteri di cui all'allegato VI;

f) fornire ai lavoratori una adeguata informazione e formazione sui rischi di incendio secondo i criteri di cui all'allegato VII.

Articolo 4 - Controllo e manutenzione degli impianti e delle attrezzature antincendio

1. Gli interventi di manutenzione ed i controlli sugli impianti e sulle attrezzature di protezione antincendio sono effettuati nel rispetto delle disposizioni legislative e regolamentari vigenti, delle norme di buona tecnica emanate dagli organismi di normalizzazione nazionali ed europei o, in assenza di dette norme di buona tecnica, delle istruzioni fornite dal fabbricante e/o dall'installatore.

Una delle cose belle di questo decreto è che è di estrema semplicità, basta leggere e tutti possono capire facilmente cosa fare.

Adesso ti riporto il punto 3 che descrive come vanno dimensionate le vie di emergenza:

3.3. Criteri generali di sicurezza per le vie di uscita

Ai fini del presente decreto, nello stabilire se le vie di uscita sono adeguate, occorre seguire i seguenti criteri:

a) ogni luogo di lavoro deve disporre di vie di uscita alternative, ad eccezione di quelli di piccole dimensioni o dei locali a rischio di incendio medio o basso;

b) ciascuna via di uscita deve essere indipendente dalle altre e distribuita in modo che le persone possano ordinatamente allontanarsi da un incendio;

c) dove è prevista più di una via di uscita, la lunghezza del percorso per raggiungere la più vicina uscita di piano non dovrebbe essere superiore ai valori sottoriportati:

- 15 e 30 metri (tempo max di evacuazione 1 minuto) per aree a rischio di incendio elevato;
- 30 ÷ 45 metri (tempo max di evacuazione 3 minuti) per aree a rischio di incendio medio;
- 45 ÷ 60 metri (tempo max di evacuazione 5 minuti) per aree a rischio di incendio basso.

d) le vie di uscita devono sempre condurre ad un luogo sicuro;

e) i percorsi di uscita in un'unica direzione devono essere evitati per quanto possibile. Qualora non possano essere evitati, la distanza da percorrere fino ad una uscita di piano o fino al punto dove inizia la disponibilità di due o più vie di uscita, non dovrebbe eccedere in generale i valori sottoriportati:

- 6 ÷ 15 metri (tempo di percorrenza 30 secondi) per aree a rischio elevato;
- 9 ÷ 30 metri (tempo di percorrenza 1 minuto) per aree a rischio medio;

- 12 ÷ 45 metri (tempo di percorrenza 3 minuti) per aree a rischio basso.

f) quando una via di uscita comprende una porzione del percorso unidirezionale, la lunghezza totale del percorso non potrà superare i limiti imposti alla lettera c);

g) le vie di uscita devono essere di larghezza sufficiente in relazione al numero degli occupanti e tale larghezza va misurata nel punto più stretto del percorso;

h) deve esistere la disponibilità di un numero sufficiente di uscite di adeguata larghezza da ogni locale e piano dell'edificio;

i) le scale devono normalmente essere protette dagli effetti di un incendio tramite strutture resistenti al fuoco e porte resistenti al fuoco munite di dispositivo di auto-chiusura, ad eccezione dei piccoli luoghi di lavoro a rischio di incendio medio o basso, quando la distanza da un qualsiasi punto del luogo di lavoro fino all'uscita su luogo sicuro non superi rispettivamente i valori di 45 e 60 metri (30 e 45 metri nel caso di una sola uscita);

l) le vie di uscita e le uscite di piano devono essere sempre disponibili per l'uso e tenute libere da ostruzioni in ogni momento;

m) ogni porta sul percorso di uscita deve poter essere aperta facilmente ed immediatamente dalle persone in esodo.

3.4. Scelta della lunghezza dei percorsi di esodo

Nella scelta della lunghezza dei percorsi riportati nelle lettere c) ed e) del punto precedente, occorre attestarsi, a parità di rischio, verso i livelli più bassi nei casi in cui il luogo di lavoro sia:

- frequentato da pubblico;
- utilizzato prevalentemente da persone che necessitano di particolare assistenza in caso di emergenza;
- utilizzato quale area di riposo;
- utilizzato quale area dove sono depositati e/o manipolati materiali infiammabili. Qualora il luogo di lavoro sia utilizzato principalmente da lavoratori e non vi sono depositati e/o manipolati materiali infiammabili, a parità di livello di rischio, possono essere adottate le distanze maggiori.

3.5. Numero e larghezza delle uscite di piana

In molte situazioni è da ritenersi sufficiente disporre di una sola uscita di piano.

Eccezioni a tale principio sussistono quando:

a) l'affollamento del piano è superiore a 50 persone;

b) nell'area interessata sussistono pericoli di esplosione o specifici rischi di incendio e pertanto, indipendentemente dalle dimensioni dell'area o dall'affollamento, occorre disporre di almeno due uscite;

c) la lunghezza del percorso di uscita, in un'unica direzione, per raggiungere l'uscita di piano, in relazione al rischio di incendio, supera i valori stabiliti al punto 3.3 lettera e).

Quando una sola uscita di piano non è sufficiente, il numero delle uscite dipende dal numero delle persone presenti (affollamento) e dalla lunghezza dei percorsi stabilita al punto 3.3, lettera c).

Per i luoghi a rischio di incendio medio o basso, la larghezza complessiva delle uscite di piano deve essere non inferiore a: L (metri) = A/50 x 0,60

in cui:

- "A" rappresenta il numero delle persone presenti al piano (affollamento);
- il valore 0,60 costituisce la larghezza (espressa in metri) sufficiente al transito di una persona (modulo unitario di passaggio);
- 50 indica il numero massimo delle persone che possono defluire attraverso un modulo unitario di passaggio, tenendo conto del tempo di evacuazione.

Il valore del rapporto A/50, se non è intero, va arrotondato al valore intero superiore.

La larghezza delle uscite deve essere multipla di 0,60 metri, con tolleranza del 5%.

La larghezza minima di una uscita non può essere inferiore a 0,80 metri (con tolleranza del 2%) e deve essere conteggiata pari ad un modulo unitario di passaggio e pertanto sufficiente all'esodo di 50 persone nei luoghi di lavoro a rischio di incendio medio o basso.

3.12. Segnaletica indicante le vie di uscita

Le vie di uscita e le uscite di piano devono essere chiaramente indicate tramite segnaletica conforme alla vigente normativa.

Adesso parliamo di estintori portatili, la prima barriera e anche la più facile da usare contro le fiamme, al capitolo 5.2 il decreto ci dà delle indicazioni piuttosto precise.

5.2. Estintori portatili e carrellati

La scelta degli estintori portatili e carrellati deve essere determinata in funzione della classe di incendio e del livello di rischio del luogo di lavoro. Il numero e la capacità estinguente degli estintori portatili devono rispondere ai valori indicati nella tabella I, per quanto attiene gli incendi di classe A e E ed ai criteri di seguito indicati:

- il numero dei piani (non meno di un estintore a piano);
- la superficie in pianta;
- lo specifico pericolo di incendio (classe di incendio);
- la distanza che una persona deve percorrere per utilizzare un estintore (non - superiore a 30 m).

Per quanto attiene gli estintori carrellati, la scelta del loro tipo e numero deve essere fatta in funzione della classe di incendio, livello di rischio e del personale addetto al loro uso.

Tipo di estintore	Superficie protetta da un estintore		
	Rischio basso	Rischio medio	Rischio elevato
13 A-89 B	100 m²	-	-
21 A-113 B	150 m²	100 m²	-
34 A-144 B	200 m²	150 m²	100 m²
55 A-233 B	250 m²	200 m²	200 m²

La cosa migliore è sempre effettuare un sopralluogo con il tuo RSPP. Una tabella, infatti, non può sostituire la competenza di un manutentore antincendio preparato con anni di esperienza. Molte volte occorre fare delle installazioni su misura per lo specifico caso.

5.4. Ubicazione delle attrezzature di spegnimento

Gli estintori portatili devono essere ubicati preferibilmente lungo le vie di uscita, in prossimità delle uscite e fissati a muro.

Gli idranti ed i naspi antincendio devono essere ubicati in punti visibili ed accessibili lungo le vie di uscita, con esclusione delle scale. La loro distribuzione deve consentire di raggiungere ogni punto della superficie protetta almeno con il getto di una lancia.

In ogni caso, l'installazione di mezzi di spegnimento di tipo manuale deve essere evidenziata con apposita segnaletica.

m) ogni porta sul percorso

Infine al punto 6, il decreto fornisce delle definizioni di manutenzione, cosa che vedremo molto più approfonditamente più avanti, nei prossimi capitoli.

6.2. Definizioni

Ai fini del presente decreto si definisce:

- **SORVEGLIANZA**: controllo visivo atto a verificare che le attrezzature e gli impianti antincendio siano nelle normali condizioni operative, siano facilmente accessibili e
- non presentino danni materiali accertabili tramite esame visivo. La sorveglianza può essere effettuata dal personale normalmente presente nelle aree protette dopo aver ricevuto adeguate istruzioni.
- **CONTROLLO PERIODICO**: insieme di operazioni da effettuarsi con frequenza almeno semestrale, per verificare la completa e corretta funzionalità delle attrezzature e degli impianti.
- **MANUTENZIONE**: operazione od intervento finalizzato a mantenere in efficienza ed in buono stato le attrezzature e gli impianti.
- **MANUTENZIONE ORDINARIA**: operazione che si attua in loco, con strumenti ed attrezzi di uso corrente. Essa si limita a riparazioni di lieve entità, abbisognevoli unicamente di minuterie e comporta l'impiego di materiali di consumo di uso corrente o la sostituzione di parti di modesto valore espressamente previste.
- **MANUTENZIONE STRAORDINARIA**: intervento di manutenzione che non può essere eseguita in loco o che,

pur essendo eseguita in loco, richiede mezzi di particolare importanza oppure attrezzature o strumentazioni particolari o che comporti sostituzioni di intere parti di impianto o la completa revisione o sostituzione di apparecchi per quali non sia possibile o conveniente la riparazione.

In definitiva, nella tua attività dovrai installare estintori e cartellonistica e dovrai occuparti della relativa manutenzione. In quanto datore di lavoro, sei responsabile della sicurezza antincendio nella tua azienda o condominio.

Se ti occorre un sopralluogo tecnico, vai su

www.antincendionatalini.com

e richiedi una consulenza gratuita, faremo tutto noi per te.

4

La sicurezza antincendio all'interno dei condomini

#4

Perché anche il condominio è soggetto all'obbligo della prevenzione incendi?

Se ti stai ponendo questa domanda, sappi che in questo capitolo ti spiegherò per filo e per segno tutto ciò che serve per essere in regola, ti darò la bussola per orientarti in questo oceano di leggi, decreti e circolari.

Anche se sei un imprenditore, è possibile che tu sia anche un inquilino, oppure il proprietario di un appartamento ubicato in un condominio, quindi questo capitolo ti riguarda da vicino. Anche se alcune regole di prevenzione incendi sono molto simili a quelle delle aziende, molte altre sono tipiche dei condomini, pertanto, occorre leggere con attenzione.

Se invece sei un amministratore di condominio, meglio se leggi con attenzione perché sei tu il responsabile civile e penale del condominio, sei tu che devi gestire tutta la parte antincendio e la manutenzione, quindi anche se probabilmente molte informazioni sono già in tuo possesso, rileggi tutto per essere sicuro di essere in linea con ciò che troverai all'interno di questo capitolo.

Per condominio s'intende "il diritto di proprietà comune a più persone oppure di comproprietà; è un istituto giuridico per cui più soggetti, accanto alla proprietà spettante singolarmente a ciascuno sul proprio piano o sulla propria porzione di piano, hanno la comproprietà su alcune parti comuni dell'edificio come il suolo, le fondamenta, muri maestri, tetti..."[1].

In generale, quindi, il condominio è inteso come un palazzo, dotato di regolamento di condominio, con proprie regole e norme progettuali ben specifiche. Non è un'azienda, però ricade lo stesso nell'ambito della prevenzione incendi.

Bisogna fare subito una precisazione. Il condominio può essere anche un'attività soggetta al controllo dei Vigili del Fuoco, quindi può ricadere nel campo di applicazione del decreto del presidente della Repubblica 1 agosto 2011 numero 151. Questo DPR censisce e regola le attività soggette a controllo dei Vigili del Fuoco. Tuttavia, nel caso in cui il condominio non fosse soggetto al controllo, necessita comunque di gestire la prevenzione incendi.

---

[1] http://www.treccani.it/enciclopedia/condominio-negli-edifici/ (data di accesso 2/08/2020).

Perché un condominio dovrebbe essere soggetto alla prevenzione incendi? Riporto di seguito alcuni tra i casi più comuni e che generalmente incontro nella mia esperienza. Ecco le attività soggette.

L'attività numero 4, costituita dai depositi di gas infiammabili in serbatoi fissi, può riguardare i condomini, perché spesso i condomini possono avere dei depositi di gpl interrati. Questo costituisce un caso abbastanza classico. In questo caso, il condominio è responsabile della prevenzione incendi del deposito in quanto è ovviamente un'attività di pertinenza del condominio.

Un'altra attività che troviamo abbastanza spesso nei condomini è la 74, ossia gli impianti per la produzione di calore, alimentati a combustibile solido, liquido o gassoso, con potenzialità superiore a 116 kW. In pratica, stiamo parlando delle caldaie centralizzate, che si trovano nei condomini. Quest'attività è sicuramente soggetta alla prevenzione incendi.

Inoltre, c'è la 75, rappresentata dalle autorimesse pubbliche e private, i parcheggi con più piani e meccanizzati, di superficie complessiva coperta sopra i 300 mq. In questo senso si intendono le autorimesse coperte che spesso si trovano sotto i condomini.

Infine, abbiamo la 77, che riguarda proprio gli edifici destinati a uso civile con altezza superiore a 24 m.

Se il condominio risulta essere un'attività soggetta, occorre incaricare un progettista antincendio, il quale potrà occuparsi di gestire la pratica antincendio, come ti ho già spiegato e sarà lui a comunicarti gli adeguamenti da eseguire.

Cosa succede, invece, se un condominio non rientra in queste categorie?

All'interno delle riviste di settore, questo aspetto è stato trattato abbastanza approfonditamente e c'è un'ampia letteratura dedicata che ti riporto di seguito per chiarezza.

L'estintore nel condominio

Estratto dalla rivista I VVF d'Italia Prevenzione e Sicurezza settembre 2004
Servizio di informazione tecnica

DOMANDA

In merito alla presenza degli estintori nei condomini, gradirei la Sua opinione al riguardo; dato che molto spesso continuo a sentire i condomini asserire che la presenza degli estintori è obbligatoria per legge. Per mio conto, ritengo che la loro presenza derivi principalmente in base ad un progetto legato alla richiesta di CPI, in cui viene riportata la reale necessità; perché ad essere franchi, si può essere circondati da estintori ma se non si sa come usarli correttamente o presi dal panico non ci si accorge della loro presenza, sono solo un bell'oggetto costoso.

Pertanto la domanda che le rivolgo è la seguente: sono realmente obbligatori per legge e sempre per legge dove vanno posizionati? O è solo una scusa che si sono inventati gli installatori e manutentori di sistemi antincendio per trarre ottimi profitti? Indubbiamente con la buona fede del padre di famiglia, installerei comunque 1 o 2 estintori tornando comunque alla precisazione sopra esposta (nel momento del bisogno sarò in grado di utilizzarli?).

In attesa di un Vostro riscontro, porgo cordiali saluti.

RISPOSTA

Quanto rappresentato può aver senz'altro fondamento, ma il problema posto non vede una risposta così scontata come potrebbe, a prima vista, sembrare. Ciò a causa della varietà delle situazioni che si possono configurare.

Occorre senz'altro rilevare che il Decreto Ministeriale n. 246 del 16/05/1987, riportante "Norme di sicurezza antincendio per gli edifici di civile abitazione" non parla effettivamente di estintori.

Sono comunque richiesti impianti antincendio ad idranti, negli edifici civili, in funzione della altezza degli stessi edifici.

Il campo di applicazione del suddetto decreto n.246/87 è limitato agli edifici di civile abitazione, e quindi a rigore non sarebbe strettamente applicabile ad un edificio con una quota parte di unità immobiliari destinate ad uffici o altro.

Nel caso di un edificio che diversamente contiene uffici occorre valutare i rischi di incendio ed adottare idonee misure di prevenzione incendi, misure che vedono senz'altro nell'estintore il primo e più semplice presidio di intervento antincendio.

Ancora, estintori possono essere prescritti dalla legge in ambienti condominiali quali le centrali termiche e le autorimesse. In ultimo, la installazione di estintori potrebbe in teoria essere motivatamente prescritta dall'autorità competente, cioè i Vigili del Fuoco, a seguito di valutazioni specifiche.

Quindi in conclusione la casistica può essere varia e per non sbagliare occorre riferirsi a situazioni specificatamente definite, per poter verificare se sussiste un obbligo di legge per la installazione degli estintori, oppure se la loro installazione costituisce solo una consigliabile misura di sicurezza, oppure infine se l'installazione degli estintori rappresenta addirittura una spesa inutile.

La modesta opinione dello scrivente è che un estintore, quale presidio antincendio di primo soccorso, e proprio in considerazione del suo costo limitato, non sia mai inutile, come ben sa chi ha subito sfortunatamente un incendio nel proprio appartamento.

In merito alla informazione sull'uso dell'estintore, obbligatoria nei luoghi di lavoro, questa è nell'ambito dell'ambiente domestico lasciata all'iniziativa dei singoli, laddove forse tale formazione sarebbe da effettuarsi nelle scuole.

Su questo argomento ho poco da dire.

Ma chi vuole proteggere e informare per tempo, può farlo.

Mario Abate

Quanti estintori per piano nei condomini?

Estratto dalla rivista ANTINCENDIO febbraio 2004
L'Esperto risponde

DOMANDA

Ho visto in giro una circolare che dice: "La informiamo che negli edifici di civile abitazione deve essere installata almeno uno estintore per piano".

Ho chiesto subito chiarimenti e mi hanno risposto che è in riferimento al DM 10 marzo 1998 al punto 5.2 viene così riportato: il numero dei piani (non meno di un estintore a piano).

La mia domanda allora è: come ci si regola per i condomini?

RISPOSTA

Per i luoghi di lavoro, l'Allegato V al Dm 10/3/98 regolamenta la distribuzione e tipologia degli estintori che debbono essere presenti.

Se un condominio è luogo di lavoro deve attenersi al predetto allegato, salvo diverse necessità scaturenti dalla Valutazione del Rischio di Incendio.

Sandro Marinelli
Ing. Sandro Marinelli Direttore Centrale
Vicario del Dipartimento dei VVF della Difesa Civile
e del Soccorso Pubblico

L'Obbligo di estintori nel condominio

Estratto dalla rivista ANTINCENDIO settembre 2004

DOMANDA

Sono un amministratore di condominio ed ho recentemente ricevuto una circolare del mio attuale manutentore antincendio in cui si comunica l'obbligatorietà dell'installazione di almeno un estintore per ogni piano prendendo spunto dalla risposta data all'interno di questa rubrica dall'Ing. Marinelli

Per quanto a mia conoscenza il DM 10/03/98 si applica negli ambienti di lavoro.

Gradirei sapere in quali condizioni e con quali criteri di valutazione si può configurare in un condominio l'ambiente di lavoro.

RISPOSTA

Il Condominio può anche essere un luogo di lavoro, se in esso operano collaboratrici domestiche (tipo colf), studi professionali, portieri ecc.

Secondo l'interpretazione di alcuni esperti della magistratura, esistono lavoratori dipendenti, anche se in numero esiguo, e pertanto vanno tutelati come tutti gli altri lavoratori.

Il discorso sulla necessità di avere estintori dislocati nel condominio deriva da tale assunto.

Sandro Marinelli

#4

Il decreto ministeriale 10 marzo '98 numero 64, che riguarda i criteri generali di sicurezza antincendio e la gestione dell'emergenza nei luoghi di lavoro, all'articolo 1.2 stabilisce che il campo di applicazione è relativo alle attività che si svolgono nei luoghi di lavoro, mentre l'allegato 5.2 stabilisce la presenza di non meno di un estintore a piano nei luoghi di lavoro.

Oltre alla situazione più evidente, in cui il condominio ha propri lavoratori dipendenti come il custode, il portiere, l'addetto alle pulizie, è importante sapere che il condominio diventa comunque un luogo di lavoro anche quando personale esterno presta opera. Per esempio, può essere il caso di ditte appaltatrici come l'idraulico, l'elettricista, l'ascensorista, l'azienda edile, le colf, gli studi professionali. Tutti questi, quindi, se prestano la loro opera all'interno del condominio, di conseguenza hanno come datore di lavoro l'amministratore di condominio, il quale ha precisi obblighi sia verso i dipendenti, sia verso qualunque categoria di lavoratore, secondo quanto specificato nel diritto ministeriale 81/08, con tutte le sanzioni del caso.

Il Dm 16 maggio del 1987 numero 246, recante le norme di sicurezza antincendio per edifici civici di abitazioni non prescrive come obbligatoria la presenza di estintori nei fabbricati; è però palese a un'attenta lettura degli articoli, che è quantomeno caldamente opportuna la presenza di estintori almeno uno a piano, come misura cautelativa dal punto di vista giuridico e assicurativo. Quindi qualora il condominio non rientrasse nell'ambito della prevenzione incendi per un'attività specifica, resta comunque un luogo di lavoro, poiché c'è la presenza di lavoratori esterni, che sono sotto la tutela dell'amministratore di condominio.

Per quanto riguarda i criteri di prevenzione incendi, si limitano alla sola installazione di estintori e idonea cartellonistica di sicurezza e tutto quello che concerne la manutenzione successiva, con registro antincendio, verbali e report.

Ti dico la verità, mi sono ritrovato spesso in condomini con condizioni e situazioni interne che non erano proprio il massimo in quanto a sicurezza. Spesso, box interrati sotto il condominio, non areati, diventano dei veri e propri depositi, contenenti accozzaglie di materiali infiammabili, con dentro bombole del gas, combustibili, un po' di tutto insomma. Diventano luoghi estremamente pericolosi per la sicurezza delle persone, anche perché alcuni di questi condomini sono stati concepiti molti anni fa, pertanto presentano corridoi angusti, luci scarse, angoli ciechi... A questo punto, comprenderai che in caso d'incendio, i condomini possono diventare dei luoghi molto pericolosi per gli inquilini del palazzo. Se ti ritrovi in situazioni simili, ti consiglio innanzitutto di posizionare la cartellonistica di emergenza, anche di tipo luminescente, e mettere estintori portatili segnalati che vanno poi tenuti in giusta manutenzione semestrale.

Per le attività soggette occorre comunque incaricare un tecnico antincendio che si occupi di eseguire le pratiche di prevenzione incendi. È, inoltre, necessario far installare gli adeguamenti antincendio richiesti secondo il decreto e poi fare la manutenzione successiva.

L'ultima novità normativa per quanto riguarda i condomini risiede nell'ultimo decreto che è stato pubblicato in Gazzetta Ufficiale numero 30 il 5 febbraio 2019. Si tratta del decreto 25 gennaio 2019, entrato in vigore dal 6 maggio 2019: "Modifiche e integrazioni all'allegato del decreto 16 maggio 1987 numero 246 concernente norme di sicurezza antincendio per gli edifici di civile abitazione".

Il provvedimento modifica quanto previsto dal vecchio decreto, in particolare l'allegato 1, introducendo nuovi requisiti a cui devono rispondere le facciate dei condomini. Probabilmente il testo è stato concepito anche in seguito agli eventi disastrosi successi in America, dove sono avvenuti incendi che si sono propagati dalle facciate.

Dove si applica il decreto 25 gennaio 2019?

Le disposizioni contenute nel decreto 25 gennaio 2019, che sono in vigore dal 6 maggio dello stesso anno, riguardano sia edifici nuovi che già esistenti.

Per interventi di rifacimento delle facciate (la realizzazione di un cappotto termico e di una facciata ventilata) le nuove norme devono essere osservate dal 6 maggio stesso.

I requisiti di sicurezza antincendio delle facciate

Come accennato, il decreto contiene prescrizioni volte a ostacolare la propagazione dell'incendio attraverso le facciate, quindi i requisiti sono valutati avendo come obiettivi:

- limitare la probabilità di propagazione di un incendio causato dalle fiamme che fuoriescono dai vani;
- limitare la probabilità di incendio di una facciata e la successiva propagazione dello stesso a causa di un incendio di origine esterna;
- limitare in caso di incendio la caduta di parti di facciata, che potrebbe compromettere l'esodo degli occupanti mentre l'edificio va in fiamme, ferendo o uccidendo le persone in uscita.

Si chiarisce quindi che le nuove disposizioni si applicano a edifici civili nuovi e anche a edifici soggetti a interventi successivi alla data di entrata in vigore del decreto, comportando la realizzazione o rifacimento delle facciate su una superficie superiore al 50% di quella complessiva delle facciate.

Non viene applicato a edifici di civile abitazione per i quali, per la data di entrata in vigore del decreto, siano stati pianificati o siano in corso lavori di rifacimento delle facciate, sulla base di un progetto approvato dal competente Comando dei Vigili del Fuoco. In altre parole, se all'entrata in vigore del regolamento risultano già autorizzati dei lavori, il decreto non si applica.

Quali sono i tempi?

Il decreto è entrato in vigore il 6 maggio 2019, ma è previsto un periodo transitorio di due anni per ottemperare alle disposizioni che riguardano l'installazione di impianti di segnalazioni manuali di allarme incendio e di sistemi di allarmi vocale per scopi di emergenza, e un anno di tempo per mettere in atto le restanti disposizioni.

L'Allegato 1, che è parte integrante del decreto, contiene le modifiche alle norme del decreto precedente del 1987, aggiungendo la possibilità di una deroga.

Se, ad esempio, per particolari esigenze di carattere tecnico, non fosse possibile attuare qualcuna delle prescrizioni, potrà essere avanzata l'istanza di deroga con la procedura riportata all'articolo 7 del DPR 151 del 1 agosto 2011.

Il 9bis riguarda la gestione della sicurezza antincendio e vengono fornite alcune definizioni, in particolare l'attribuzione di livelli di prestazione. In questo documento si parla di altezza antincendio, ma occorre definire che per altezza antincendio non si intende l'altezza dell'edificio, ma un parametro di rischio che indica l'altezza massima misurata a livello inferiore dell'apertura più alta dell'ultimo piano abitabile e o agibile, escluse quelle dei vani tecnici al livello del piano esterno più basso. Possiamo avere:

- LP0 per edifici d'altezza da 12 a 24 m;
- LP1 per edifici d'altezza da 24 a 54 m;
- LP2 per edifici d'altezza da 54 a 80 m;
- LP3 per edifici oltre 80 m.

Il decreto introduce il termine EVAC, un sistema di allarme vocale, che costituisce un impianto per diffondere informazioni vocali per la salvaguardia delle persone. Inoltre, introduce il GSA per la gestione della sicurezza antincendio, ossia un insieme di misure di tipo organizzativo-gestionale finalizzate all'esercizio dell'attività in condizioni di sicurezza. Tali provvedimenti consistono, in sostanza, in misure antincendio preventive, cioè misure tecniche gestionali integrative di quelle già previste nelle norme di sicurezza legate al decreto ministeriale 16 maggio 1987, che comprendono strategie antincendio che le attività devono adottare per diminuire il rischio.

Il decreto introduce la figura del responsabile della gestione sicurezza antincendio, che pianifica e organizza le attività. Questa figura, che può essere coincidente con il responsabile delle attività, (di solito è l'amministratore) ha il compito di:

- predisporre le procedure gestionali ed operative, relative alle misure antincendio preventive;
- aggiornare la pianificazione dell'emergenza;
- controllare periodicamente le misure di prevenzione adottate;
- riferire al coordinatore dell'emergenza le informazioni e le procedure da utilizzare nella pianificazione dell'emergenza;
- segnalare ciò che differisce dalla non conformità di sicurezza antincendio.

Il coordinatore dell'emergenza ha il compito di:

- sovraintendere all'attuazione delle misure di emergenza ed evacuazione e interfacciarsi con i soccorritori;
- coadiuvare, se presente sul posto, la gestione dell'emergenza.

#4

Per gli edifici di altezza superiore a 24 m, qualora siano presenti attività ricomprese in allegato 1 DPR 151, comunicanti con l'edificio stesso ma non pertinenti, dovrà essere adottato un livello di prestazione superiore, indipendentemente dal tipo di comunicazione.

Ad esempio, un edificio con un'autorimessa con superficie superiore ai 300 m, attività soggetta al DPR 151, va adottato un livello di prestazione superiore e più cautelativo.

Il provvedimento individua le nuove misure, calibrandole in funzione dell'altezza degli edifici; ci sono degli obblighi più severi per edifici più alti e misure invece più semplici per quelli più bassi.

Ovviamente, vanno installati gli estintori, anche nella prima fascia da 0 a 12 m in cui, come ti ho già ricordato, ne occorre almeno uno a piano secondo il decreto ministeriale 10 marzo '98, in quanto si tratta di luogo di lavoro.

Con questo decreto s'introducono nuove fasce di misure in base all'altezza, compito che spetta naturalmente al tecnico progettista antincendio, che interviene dove ci siano attività soggette alla prevenzione incendi.

Per LP0 da 12 a 24 m i compiti del responsabile dell'attività sono:

- identificare le misure standard da attuare in caso d'incendio;
- fornire informazioni agli occupanti sulle misure da attuare in caso d'incendio;
- esporre un documento informativo con divieti e precauzioni da adempiere, i numeri telefonici per il soccorso e le emergenze, istruzioni per l'esodo in caso di necessità;
- mantenere l'efficienza dei sistemi e dispositivi antincendio, adoperando opportune verifiche di controllo e manutenzione.

Per LP1 da 24 a 54 m i compiti del responsabile dell'attività sono:

- predisporre e verificare periodicamente la pianificazione di emergenza;
- informare gli occupanti sulle procedure da seguire in caso di incendio e della misura antincendio da osservare;
- mantenere l'efficienza dei sistemi e dispositivi antincendio, adoperando opportune verifiche di controllo e manutenzione,

trascrivendo gli esiti su un registro dei controlli;

- esporre un documento informativo e cartellonistica di sicurezza riportante divieti e precauzioni da osservare, numeri telefonici per l'attivazione dei servizi di emergenza, istruzioni per garantire l'esodo in caso d'incendio. Le informazioni possono essere redatte in altre lingue oltre l'italiano;
- verificare, per le aree comuni, l'osservanza dei divieti, delle limitazioni e delle condizioni normali di esercizio;
- adottare delle misure antincendio preventive.

Per LP2 i compiti del responsabile dell'attività sono uguali a quelli del livello di prestazione, oltre all'installazione di un impianto di segnalazione manuale di allarme incendio con indicatori di tipo ottico ed acustico.

Per LP3 i compiti del responsabile dell'attività sono gli stessi del livello di prestazione 2 e a questi si sommano:

- il predisporre il centro di gestione dell'emergenza;

> Vista la complessità della materia, contattaci pure sul sito
> **www.antincendionatalini.com**
> e attiva una consulenza tecnica gratuita.

Infine, per quanto riguarda la manutenzione, valgono le stesse regole in vigore per le aziende, perciò puoi tranquillamente rifarti ai capitoli specifici e scaricare le check-list gratuite.

5

La manutenzione degli estintori

Gli estintori sono i mezzi di primo intervento più diffusi e utilizzati per spegnere i principi d'incendio in tutto il mondo.

Si dividono in portatili e carrellati e tale suddivisione viene fatta in base al peso e alla capacità di spegnimento. Ovviamente, poiché gli estintori carrellati sono più pesanti, necessitano di ruote per poter essere spostati.

Gli estintori rappresentano la prima misura d'intervento, semplice e molto diffusa nelle aziende, non solo per la loro facilità di utilizzo da parte di operatori anche poco specializzati e formati, ma anche per il basso costo e per la bassa difficoltà d'installazione.

L'estintore, oggigiorno, è praticamente presente in quasi tutte le attività esistenti.

Adesso, entriamo un po' nel dettaglio tecnico. L'estintore è composto da:

- Serbatoio: atto a contenere l'estinguente e/o il propellente;
- Valvola: per intercettare e regolare il flusso dell'estinguente;
- Manichetta o tubo flessibile: per indirizzare il flusso dell'estinguente (solitamente assente negli estintori di piccola taglia 1 – 2 kg).

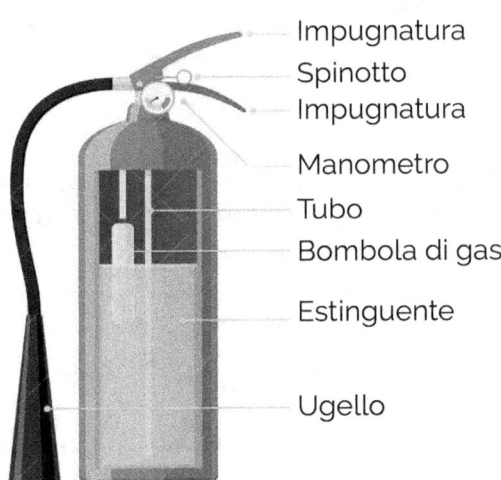

Inoltre, i produttori devono corredare tutti gli estintori di dichiarazione di conformità, di libretto di uso e manutenzione, delle schede tecniche e schede di sicurezza dell'estinguente e di eventuali additivi contenuti.

L'agente estinguente è la sostanza contenuta all'interno dell'estintore, che ne determina il funzionamento e l'idoneità al tipo d'incendio.

Abbiamo, quindi, estintori idonei a materiali di classe A, di classe B e via dicendo.

Non esiste un estintore che vada bene su tutto, poiché ogni agente estinguente avrà i pro e contro relativamente all'estinguente usato.

Facciamo degli esempi.

L'estintore a polvere ABC è sicuramente polivalente, infatti riesce a spegnere sostanzialmente di tutto però, se utilizzato in ambienti chiusi, crea enormi problemi a causa della polvere.

La polvere estinguente infatti è molto fine e viene espulsa dall'estintore a 15 bar circa. Immagina di sparare 6 kg di borotalco dentro casa tua, cosa succede?

Per quanto riguarda, invece, l'estintore a CO_2 (anidride carbonica), questo utilizza un gas che quindi si disperde alla fine dell'erogazione.

In questo caso, non si verifica il problema della polvere, infatti, spegne le fiamme per diluizione dell'ossigeno intorno alla fiamma e per raffreddamento. Di solito, è utilizzato per spegnere incendi di tipo elettrico perché non è efficace contro la classe A. Se ad esempio lo usi con una pedana di legno che sta bruciando, inizialmente la fiamma si spegne anche, ma dopo pochi secondi riprende subito a bruciare.

Questo tipo di estintore, infatti, non riesce a separare il combustibile dal comburente, come invece fa la polvere, e pertanto si verifica la riaccensione del focolare.

Come avrai capito, quindi, nelle aziende vengono installati estintori di diversa tipologia e comunque complementari tra di loro in base al tipo d'incendio che si prevede di affrontare, quindi in base ai rischi presenti.

Prima di andare avanti, forse è bene ricordare brevemente la classificazione degli incendi e degli agenti estinguenti.

Secondo l'Allegato V del DM 10/03/1998, punto 5.1, gli incendi sono classificati come segue:

- **Incendi di classe A:** incendi di materiali solidi, usualmente di natura organica, che portano alla formazione di braci;

- **Incendi di classe B:** incendi di materiali liquidi o solidi liquefacibili, quali petrolio, paraffina, vernici, oli, grassi, ecc.;
- **Incendi di classe C:** incendi di gas;
- **Incendi di classe D:** incendi di sostanze metalliche.

INCENDI di CLASSE A: *L'acqua, la schiuma e la polvere sono le sostanze estinguenti più comunemente utilizzate per tali incendi. Le attrezzature utilizzanti gli estinguenti citati sono estintori, naspi, idranti, od altri impianti di estinzione ad acqua.*

INCENDI di CLASSE B: *Per questo tipo di incendi gli estinguenti più comunemente utilizzati sono costituiti da schiuma, polvere e anidride carbonica.*

INCENDI di CLASSE C: *L'intervento principale contro tali incendi è quello di bloccare il flusso di gas chiudendo la valvola di intercettazione o otturando la falla. A tale proposito si richiama il fatto che esiste il rischio di esplosione se un incendio di gas viene estinto prima di intercettare il flusso del gas.*

INCENDI di CLASSE D: *Nessuno degli estinguenti normalmente utilizzati per gli incendi di classe A e B è idoneo per incendi di sostanze metalliche che bruciano (alluminio, magnesio, potassio, sodio). In tali incendi occorre utilizzare delle polveri speciali ed operare con personale particolarmente addestrato.*

INCENDI di IMPIANTI ED ATTREZZATURE ELETTRICHE SOTTO TENSIONE: *Gli estinguenti specifici per incendi di impianti elettrici sono costituiti da polveri dielettriche e da anidride carbonica.*

La classificazione degli estintori

L'estintore è un apparecchio sotto pressione che contiene al suo interno un agente estinguente, che può essere espulso attraverso il propellente interno oppure agire esso stesso da propellente. Tale estinguente può essere sia costantemente dentro al corpo estintori, in pressione permanente, sia contenuto in una bomboletta esterna e immesso nella bombola al momento dell'utilizzo.

Fino a 20 kg, si parla di estintori portatili, con una massa superiore si parla di estintori carrellati. Questi sono estintori che vengono trasportati sempre a mano ma, dato il peso, hanno delle ruote che permettono di essere mossi dall'operatore.

Ogni estintore presenta delle punzonature, effettuate dal produttore in fase di produzione, questi segni distintivi sono come una carta d'identità, in quanto riportano tutti i dati necessari e richiesti dalle normative. Questi dati sono: la matricola, il lotto di produzione, la pressione di collaudo, la data di produzione etc.

Gli estintori vanno periodicamente manutenzionati e tale operazione consiste in una serie di azioni da compiere, sia tecnico-pratiche che amministrative e gestionali. Queste azioni fanno in modo che si possa tenere o riportare l'estintore in uno stato di buon funzionamento, come da istruzioni del fornitore.

La norma UNI 9994-1 afferma che *l'azienda di manutenzione è invece la struttura che ha nel proprio oggetto sociale l'attività di manutenzione estintori, dotata di persone competenti e fornite della necessaria formazione ed esperienza, con accesso ad attrezzature, apparecchiature, manuali d'uso e manutenzione, conoscenze significative di qualsiasi procedura speciale raccomandata dal produttore di un estintore. Il personale deve essere quindi in grado di eseguire, su detto estintore, le procedure di manutenzione, specificate dalla norma di riferimento.*

La normativa di riferimento per la manutenzione è la UNI 9994/1, che chiarisce come effettuare le manutenzioni, fornisce anche tutte le definizioni e descrive tutti criteri per effettuare il controllo iniziale, la sorveglianza, il controllo periodico, le varie revisioni programmate, il collaudo, tutto al fine di garantirne l'efficienza.

Tale norma si applica a tutti gli estintori d'incendio portatili e carrellati, compresi gli estintori per la classe D.

Adesso cerchiamo di capire un punto fondamentale. L'estintore si deve trovare esattamente dov'è riportato nei documenti del piano emergenza, ed eventualmente, se l'attività è sottoposta al controllo dei Vigili del Fuoco, anche nelle planimetrie della SCIA, poiché gli estintori sono posizionati secondo la normativa, proprio per essere facilmente individuabili in caso d'incendio.

Solitamente, il primo grave errore che si vede in giro è quello di mettere gli estintori fuori dalla posizione prevista nella planimetria.

Questi strumenti salvavita devono essere appesi e segnalati. Anche sotto quest'aspetto si commette un errore molto diffuso, perché spesso vengono usati come ferma porta, oppure usati in maniera impropria, ad esempio come appendiabiti perché danno fastidio.

A volte sento anche dire che esteticamente non sono gradevoli, e pertanto vengono collocati dietro a una pianta gigante, in modo da nasconderli alla vista (esattamente il contrario di quello che occorre fare!). Così vengono spesso spostati in maniera del tutto irresponsabile, e alla fine non si riescono a trovare quando servono.

DALL'OFFICINA DI ALESSIO

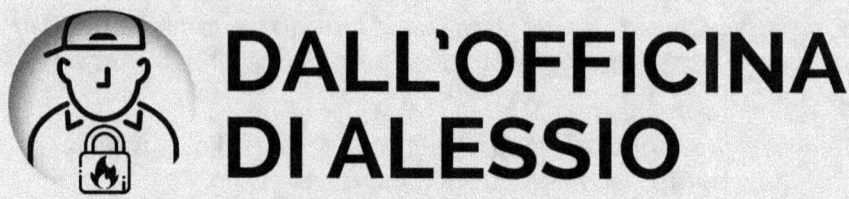

L'imprenditore Spaccamilioni della Furbetti Srl (nome fittizio) deve prendere degli estintori da posizionare nel suo showroom, ma non gli piacciono così in vista, in mezzo alla sala come imposto dal piano di sicurezza.

Così li mette in uno stanzino, nascosti e magari li copre anche con qualcosa, appoggiandoci sopra 10 kg, e... voilà!

In un attimo gli antiestetici e ingombranti estintori sono spariti!

Ovviamente, in caso d'incendio, sono inservibili e in alcuni casi introvabili perché ben nascosti.

A questo punto, l'incosciente imprenditore Spaccamilioni si prepari a ricevere una multa salata al primo controllo!

Ecco, questo è l'atteggiamento classico dell'imprenditore italiano: incurante della sicurezza, ma soprattutto dei danni che può portare a sé e all'azienda.

Entriamo nel vivo della manutenzione e vediamo le attività principali da fare:

- controllo iniziale: è il primo passaggio fondamentale quando si prende in carico il cliente, quando cioè affidi l'appalto a un'azienda di manutenzione estintori. È il primo impatto con la manutenzione, il momento d'incontro tra il manutentore e l'imprenditore;
- la sorveglianza: raccomandata mensilmente, rappresenta un piano di manutenzione interna che è a carico dell'azienda. Sei tu quindi che devi occupartene. Viene ovviamente tracciata e si limita a un controllo visivo, ma comunque molto importante;
- il controllo periodico: è a cura del manutentore e viene fatto ogni sei mesi;
- la revisione programmata: consiste nel ricambio periodico dell'agente estinguente degli estintori;
- il collaudo: è una misura sempre programmata che consiste nella pressatura della bombola con acqua;
- la manutenzione straordinaria: è un'attività che si esegue in caso di presenza di non conformità o dopo l'utilizzo.

Il controllo iniziale

Consiste in una serie di accertamenti, fatti da un manutentore specializzato.

Si verifica, in particolare:

- se gli estintori sono quelli previsti dal piano;
- se gli estintori sono fuori servizio (ad esclusione degli estintori di classe D, possono esserci estintori di tipo non approvato, che non possono essere né usati né manutenzionati);
- se hanno o meno segni di corrosione;
- se presentano un'ammaccatura sul serbatoio;
- se sono provvisti delle marcature senza l'etichetta di legge;
- se hanno ancora ricambi disponibili;
- se hanno marcature illeggibili non sostituibili;
- se devono essere ritirati dal mercato in conformità alle normative vigenti;
- se hanno o meno il libretto d'uso e manutenzione;
- se hanno superato i 18 anni di vita.

Alla fine della presa in carico, dev'essere rilasciato un report che certifica lo stato della situazione, con un piano di miglioramento per eliminare le anomalie. Questa fase è propedeutica alla manutenzione e viene fatta obbligatoriamente prima.

La sorveglianza

Rappresenta una misura di prevenzione interna dell'attività, che dev'essere effettuata da persona responsabile che abbia ricevuto un'adeguata formazione. Anche durante la sorveglianza, le anomalie devono essere immediatamente eliminate e l'esito dell'attività di sorveglianza dev'essere registrato.

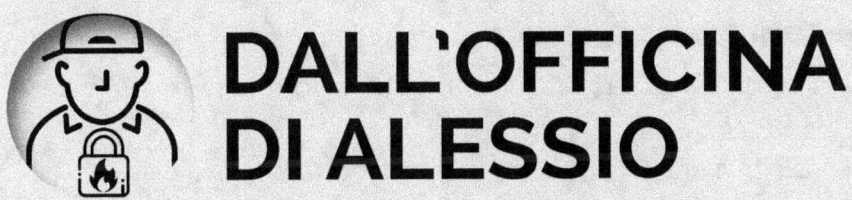

DALL'OFFICINA DI ALESSIO

La sorveglianza, al di là delle grandi imprese industriali, in pratica non viene quasi mai fatta da nessuno e questo è un grosso problema.

Questo avviene perché tra un intervento di manutenzione e l'altro passano sei mesi, un periodo di tempo in cui l'estintore può scaricarsi, essere danneggiato da un muletto, rubato o manomesso.

Quindi, mi raccomando, falla sempre, perché oltre a essere obbligatoria e penalmente sanzionabile, è anche molto utile per te e la tua sicurezza.

Mi raccomando, leggi fino in fondo il libro perché ho un regalo per te su questo argomento.

Il controllo periodico

Dev'essere fatto da persona competente (ormai avrai capito cosa intendo).

Consiste in una misura di prevenzione fatta per verificare, con una periodicità massima di sei mesi, due interventi all'anno, l'efficienza degli estintori portatili o carrellati, tramite l'effettuazione di una serie di procedure specificate nella UNI 9994-1 e anche sui libretti di uso e manutenzione.

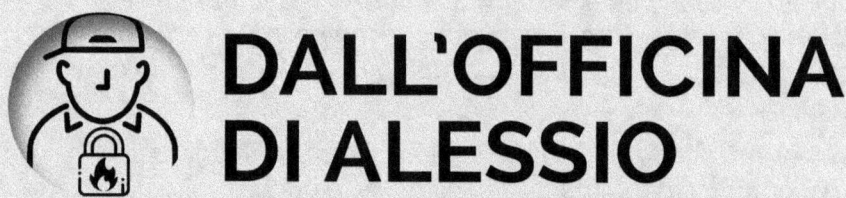

Quando parlo di libretti di uso e manutenzione, lo faccio in modo specifico perché è molto importante conoscere bene le procedure.

Quando ad esempio chiudiamo la valvola sull'estintore, dobbiamo usare una chiave dinamometrica tarata, e usare la coppia di serraggio del produttore specifica per ogni tipo di estintore.

Capita che manutentori sprovveduti utilizzino chiavi normali, perché la chiave dinamometrica costa troppo!

Le valvole vengono serrate con forze anche 2/3 volte superiori a quella corretta e questo può comportare la rottura del filetto della valvola, e la conseguente esplosione dell'estintore!

Se per esempio parliamo di estintori a CO_2, dove la pressione è di circa 80 bar, in pratica hai una bomba in ufficio senza saperlo.

Per gli estintori che sono sempre in pressione, il controllo della pressione interna viene fatto con un manometro esterno, tarato anche internamente dall'azienda di manutenzione ma sempre con un sistema di taratura SIT verificato.

Per l'estintore a biossido di carbonio, il controllo dello stato di carica viene effettuato mediante la pesatura con una bilancia tarata con lo stesso criterio. Per quanto riguarda quelli pressurizzati, al momento dell'utilizzo, viene effettuato il controllo della presenza e del tipo di carica della bombolina di gas ausiliario.

Se un estintore ha una bomboletta a parte che viene forata durante il primo utilizzo, questa bomboletta va tolta, pesata e controllata. Questa operazione richiede un bel po' di tempo, a meno che il tuo manutentore non abbia la capacità (o meglio il superpotere) di guardare la bomboletta e stabilire con un colpo d'occhio il peso preciso! A questo punto, dopo la pesata al volo, basta una firmettina sul cartellino e passa la paura! Ovviamente, sto scherzando e non è di certo questa la prassi da seguire!

La revisione programmata

Sostanzialmente, consiste nella la sostituzione dell'estinguente.

Quest'operazione pianificata è costituita da una serie di interventi tecnici che servono a ripristinare l'efficienza dell'estintore. Le procedure specifiche sono riportate nella UNI 9994-1 e vengono effettuate con le periodicità riportate sotto.

ESTINGUENTE	TIPO DI ESTINTORE	REVISIONE		COLLAUDO CE/PED		COLLAUDO PRE/PED	
		mesi	anni	mesi	anni	mesi	anni
Polvere	Tutti	36	3	144	12	72	6
Biossido di Carbonio	Tutti	60	5	120	10	120	10
A base d'acqua	Serbatoio in acciaio al carbonio con agente estinguente premiscelato	24	2	72	6	72	6
A base d'acqua	Serbatoio in acciaio al carbonio contenente solo acqua ed eventuali additivi in cartuccia	48	4	96	8	72	6
A base d'acqua	Serbatoio in acciaio INOX o lega in alluminio	48	4	144	12	72	6
Idrocarburi alogenati	Tutti	72	6	144	12	72	6

Dev'essere fatto un esame interno dell'apparecchio, un controllo funzionale di tutte le parti e un controllo dei componenti (come tubi flessibili, pescanti, valvole eccetera). In questa fase, avviene la sostituzione:

- dei dispositivi di sicurezza (se presenti);
- dell'agente estinguente;
- delle guarnizioni;
- della valvola per gli estintori a biossido di carbonio.

In seguito a queste sostituzioni, si procede infine al rimontaggio dell'estintore in perfetto stato di efficienza.

Durante questa fase di revisione su tutti gli estintori portatili e carrellati, la data di revisione deve indicare mese e anno ed essere riportata sul tubo flessibile; mentre la denominazione dell'azienda che l'ha effettuata dev'essere riportata all'interno e all'esterno, non basta più l'etichetta fuori.

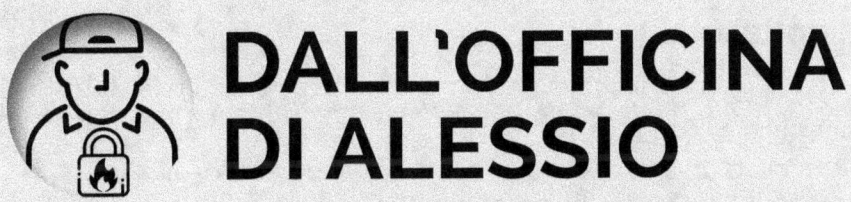

DALL'OFFICINA DI ALESSIO

Sai perché ci sono tutte queste truffe intorno alla revisione?

Le aziende di manutenzione fanno dei prezzi bassi per prendere il lavoro, ma poi in realtà non lo fanno.

Non eseguono davvero gli interventi, come il cambio dell'agente estinguente; alcuni non smontano neanche l'estintore, altri lo smontano annotando i dati nel pescante ma senza cambiare niente in realtà.

Quindi in pratica ti ridanno l'estintore in stato di non efficienza e con l'estinguente vecchio.

Questo succede perché l'imprenditore delega a caso, col principio del prezzo più basso.

Anche per questo i manutentori truffaldini possono costare fino a un terzo di una revisione fatta davvero.

In pratica, paghi per avere indietro un bel nulla.

Queste cose succedono anche negli enti pubblici, infatti le gare d'appalto sono svolte e assegnate con il principio del prezzo più basso e senza verifiche, compreso nelle scuole ed edifici pubblici.

Il collaudo

Si tratta di una misura di prevenzione, atta a verificare la stabilità del serbatoio dell'estintore.

Attraverso un test di colludo idraulico, viene verificata e certificata la tenuta alla pressione del serbatoio.

Ovviamente, l'attività di collaudo comporta anche l'attività di revisione.

In occasione del collaudo, la valvola erogatrice dev'essere sostituita per gli estintori a CO_2 (anche se questa operazione è in fase di cambiamento normativo).

La data del collaudo dev'essere riportata all'interno e all'esterno dell'estintore, ma per quanto riguarda quello a polvere non dev'essere impressa tramite punzonatura, ma solo tramite cartellinatura. Tutti i dettagli sono riportati nella UNI 9994/1, ma già con queste informazioni hai sufficienti nozioni per verificare l'operato all'interno della tua azienda.

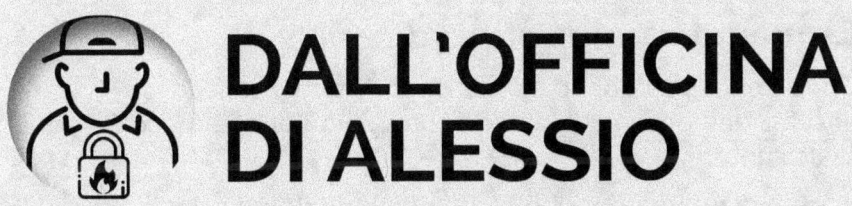
DALL'OFFICINA DI ALESSIO

Il collaudo è una fase abbastanza costosa rispetto alle altre e rispetto anche al costo di acquisto dell'estintore nuovo, a volte può non essere conveniente.

Basti pensare che l'estintore a polvere dev'essere preso, portato in officina, e bisogna lasciarne uno in sostituzione di pari capacità.

Bisogna, inoltre, cambiare il gruppo valvola (per il CO2), la polvere vecchia va smaltita correttamente e inserita quella nuova, vanno sostituiti i pezzi danneggiati, insomma ci sono molte operazioni da fare.

In questa fase, l'estintore dev'essere riempito d'acqua, messo in pressione, asciugato e poi bisogna rimontarlo completamente con l'estinguente nuovo.

Visti i bassi costi di acquisto dell'estintore a polvere, sostanzialmente oggi la tendenza è quella di sostituirlo sempre, anche perché la vita residua dopo i 12 anni del collaudo è di soli 6 anni ulteriori, è un investimento che non è conveniente.

La cosa migliore è fare la sostituzione e lo smaltimento del vecchio.

Il CO2, invece, ha come scadenza 10 anni ed è più conveniente fare il collaudo, perché l'estintore ha un costo superiore, pertanto ti conviene farlo.

Ti ricordo che mentre per l'estintore a CO2 è obbligatoria la punzonatura sul serbatoio, per l'estintore a polvere è vietata, in quanto il minore spessore del serbatoio rende questa operazione rischiosa, con eventuale pericolo di scoppio.

La manutenzione straordinaria

Consiste in tutte quelle operazioni che riguardano la sostituzione o il ripristino dopo l'utilizzo o dopo la manomissione dell'estintore.

Una cosa molto importante è la gestione dello smaltimento delle polveri e, in generale, di tutti i rifiuti derivanti dalla manutenzione.

Alcuni sono rifiuti speciali non pericolosi e devono essere trattati in conformità alla legislazione vigente in materia ambientale.

Accertati che il tuo manutentore abbia le relative autorizzazioni obbligatorie di legge, poiché potresti essere considerato responsabile, in caso di illeciti ambientali.

È, inoltre, fondamentale che le parti di ricambio e l'agente estinguente siano originali o dichiarati eventualmente equivalenti dal costruttore. Non sono ammessi ricambi diversi dal prototipo originale, depositato al Ministero.

Il manutentore deve segnalare obbligatoriamente tutte le anomalie rilevate durante gli interventi di manutenzione e le eventuali difformità alla persona responsabile, la quale deve registrarle e gestirle.

Tutti gli estintori devono avere il cartellino di manutenzione aggiornato e il registro antincendio deve riportare i lavori svolti e lo stato in cui si trovano gli estintori e in generale gli impianti, le porte etc...

Il registro antincendio, comunque, dev'essere sempre presente presso l'attività ed essere a disposizione dell'autorità competente e del manutentore, anche in formato digitale.

Noi lo forniamo sempre nuovo a ogni nostro cliente, il nostro ispettore antincendio lo ha creato in collaborazione con i Vigili del Fuoco, durante anni di sopralluoghi dai nostri clienti.

Vediamo alcuni passaggi finali molto importanti per gestire al meglio la manutenzione.

L'estintore può essere certamente rimosso per la manutenzione straordinaria, ma occorre una sostituzione da parte del responsabile con un altro estintore di uguale capacità estinguente, mai inferiore.

#5

Le iscrizioni sulla bombola devono essere sostituite se non sono leggibili, se non sono sostituite, per normativa gli estintori vanno dichiarati fuori uso.

Qualora un manutentore subentri a un altro, nel passaggio di consegne della manutenzione, il nuovo manutentore deve garantire il corretto proseguo delle operazioni di manutenzione, oppure avvertire il cliente che alcuni estintori vanno sostituiti. Inoltre, tale manutentore ha anche la facoltà di effettuare la revisione in anticipo rispetto ai tempi previsti, se lo ritiene necessario (cosa che faccio quasi sempre, poiché non mi prendo mai la responsabilità di lavori fatti da altri, anzi non fatti).

Infine, le marcature e tutti i contrassegni non devono essere rimossi.

Esistono persone e aziende di manutenzione che mettono i cartellini di manutenzione sopra l'etichetta del produttore. Questo non va assolutamente fatto, perché non si possono coprire o rimuovere delle informazioni che identificano il produttore.

La manutenzione delle reti idranti

La rete idranti rappresenta la seconda linea di difesa più diffusa di protezione attiva. Questo tipo di impianto fisso utilizza un agente estinguente elementare e a basso costo: l'acqua.

Questo tipo di estinguente era stato un po' messo da parte, infatti sono state sviluppate diverse tecnologie alternative nel mercato dei produttori mondiali.

Devo dire invece che l'acqua, proprio per la sua semplicità di utilizzo, il basso costo e la facile reperibilità, è stata molto rivalutata come agente estinguente. Sono diversi oggi gli impianti antincendio che ne fanno uso: gli idranti, gli sprinkler e gli impianti a schiuma.

In questo capitolo, ti parlerò del più diffuso impianto ad acqua, quello a idranti.

Un impianto a idranti sostanzialmente è costituito da una tubazione ad anello con delle bocchette, un gruppo attacco per i pompieri e un gruppo pompe, corredato da una riserva idrica.

Gli idranti possono essere di varia tipologia: a colonnina soprassuolo, idrante sottosuolo, idrante a muro, idrante tipo naspo, idrante UNI 70 o 45.

Gli idranti più utilizzati sono sicuramente quelli a muro UNI 45 e quelli tipo naspo, mentre gli UNI 70 sono più grandi e impegnativi da usare, infatti si trovano perlopiù nelle attività industriali. Questi idranti hanno lo scopo di intervenire sull'incendio, cercando di ottenere principalmente 3 tipi di effetti:

- estinzione dell'incendio
- controllo dell'incendio
- raffreddamento della struttura

Questo tipo di impianto richiede una progettazione specifica, che dev'essere eseguita da un progettista abilitato. Occorre effettuare sia il dimensionamento e posizionamento delle tubazioni e degli idranti, che il dimensionamento della riserva e delle pompe.

L'installazione deve avvenire ad opera di un installatore qualificato e abilitato, secondo le norme tecniche e secondo il progetto e capitolato steso dal progettista.

In fase progettuale, come ho detto, viene definita l'autonomia di erogazione e di conseguenza anche la dimensione della riserva idrica. In base al rischio che ha individuato, il progettista progetterà adeguatamente l'impianto.

Se hai un vecchio impianto in azienda, può essere che non abbia la riserva idrica e nemmeno le pompe. Fai delle verifiche, ma in generale stai tranquillo, perché in diverse zone d'Italia era ancora permesso costruirli e mantenerli così.

Ti consiglio di fare una verifica tecnica per controllare l'adeguatezza del tuo impianto in base alla tua specifica situazione.

Per quanto riguarda invece l'utilizzo in caso di emergenza, la squadra antincendio interna, attraverso la formazione specifica e i corsi antincendio obbligatori, è assolutamente in grado di gestire un impianto idranti.

Gli idranti rappresentano una forma di difesa di seconda linea ma fondamentale, in quanto una volta usati gli estintori, se il focolaio continua ad accrescere, occorre attivare l'impianto per gestire l'incendio, in attesa dell'intervento dei Vigili del Fuoco.

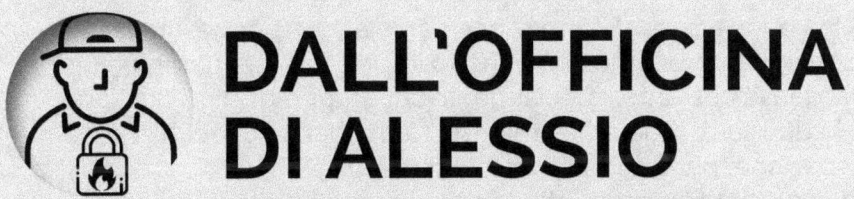

DALL'OFFICINA DI ALESSIO

Una parte fondamentale per l'uso degli idranti è la formazione specifica.

Questa deve comprendere delle simulazioni reali, non generiche e teoriche. Sarebbe ideale fare dei corsi all'interno dell'azienda, perché ogni impianto ha le sue caratteristiche, le manovre da fare, i punti d'accesso particolari per i locali pompe, le manovre di verifica, i vari tipi di idranti e di pressione...

Bisogna tenerlo in mano l'idrante, per essere poi pronti a usarlo senza sorprese al momento del bisogno.

Questo è un aspetto che viene spesso tralasciato dalle aziende, ma in realtà è vitale perché maneggiare un idrante non è così banale come possa sembrare.

Ci sono delle competenze da acquisire e bisogna prendere confidenza con le pressioni in gioco, così come con tutte le attrezzature tecniche.

Una buona dose di formazione serve anche per gestire la sorveglianza interna che è molto importante per garantire una vigilanza costante, specialmente sul gruppo di alimentazione. Ho deciso di regalarti come risorsa gratuita le check-list di ispezione, per ottenerle vai alla pagina
www.manutenzioneantincendiodaincubo.com,
inserisci i dati e scaricale in maniera totalmente gratuita.

Una delle maggiori cause del mal funzionamento dell'impianto idranti è appunto la mancanza di manutenzione del gruppo pompe.

La norma UNI 10779 distingue tra reti idranti ordinarie, che servono per la protezione di attività all'interno di edifici e caratterizzate dall'essere sempre in pressione, e reti all'aperto, progettate specificatamente per la protezione di attività esterne e quindi sottoposte al pericolo di congelamento. Questi impianti di nuova generazione sono costruiti con le tubazioni permanentemente a pressione d'acqua o a secco.

Naspo e cassetta
Fonte: ziggiotto.it

Come puoi vedere nell'immagine, lo schema tipico dell'idrante è costituito da una cassetta che contiene una manichetta flessibile, attaccata in modo permanente al rubinetto e alla lancia antincendio. Sotto è posizionata la sella salva manichetta che ha il compito di preservare la manichetta dall'umidità che si deposita nella parte bassa della cassetta.

Un'altra configurazione è quella del corredo idrante, una cassetta contenente tutto il necessario per l'intervento contro l'incendio, ma posto accanto alla colonna soprassuolo.

Infine c'è il naspo, che è costituito da una cassetta contenente una bobina rotante, intorno alla quale c'è il naspo UNI 25, fatto con un tubo semirigido.

Questo tipo di idrante è solitamente usato all'interno delle strutture, specialmente alberghi, a causa del suo ridotto ingombro e della sua leggera rigidità, inoltre è l'ideale per districarsi fra corridoi e stanze in modo agevole.

#6

Ogni componente ha la sua norma specifica di costruzione, che ne stabilisce i parametri prestazionali, la durata misurata in cicli di usura, e i test che il produttore deve affrontare per ottenere l'omologazione.

È per questo che quando acquisti un ricambio, questo dev'essere sempre certificato UNI e dev'essere stato fabbricato dai migliori produttori.

Parte integrante dell'impianto è l'attacco motopompa per i Vigili del Fuoco, che può essere in derivazione oppure in linea a seconda dell'installazione. È quella parte che in sostanza serve a immettere acqua nel sistema, qualora l'alimentazione primaria avesse dei problemi.
La pressione massima di esercizio di questi impianti è 12 bar.

Idrante
Fonte: Shutterstock

DALL'OFFICINA DI ALESSIO

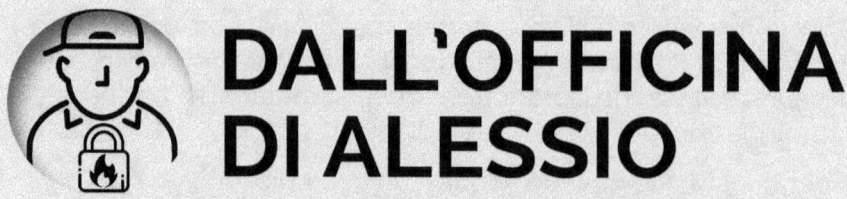

Molto spesso vediamo impianti in cui l'attacco motopompa è attaccato male, ossidato, con le valvole rotte, montato all'esterno senza protezioni oppure, cosa più grave, montato con la valvola di non ritorno messa al contrario, il che lo rende inutilizzabile.

Vai sul sito

www.antincendionatalini.com

per richiedere una consulenza gratuita per controllarlo.

Questo elemento permette ai Vigili del Fuoco di immettere acqua nel tuo impianto qualora ce ne fosse bisogno.

Se durante un incendio, i Vigili non lo trovano perché magari non è segnalato oppure è montato male, ed è quindi inservibile, sarà impossibile per loro immettere acqua nel sistema.

Così, resterai a secco proprio nel momento in cui ne hai più bisogno.

Mi raccomando, richiedi una consulenza e verifica che sia tutto al suo posto.

L'idrante a muro e il naspo devono essere conformi rispettivamente alla norma UNI 671/2 e alla 671/1.

Adesso parliamo di lance antincendio, che devono essere a getto frazionato. Vuol dire che la lancia ha 3 posizioni: aperto, chiuso oppure getto frazionato. All'interno della lancia è posto un particolare metallico che rompe il flusso del fluido e fa in modo che dall'ugello esca un flusso più aperto, detto appunto frazionato. Questa particolarità non solo permette di disperdere più facilmente il calore delle fiamme, ma permette di fare meno danni all'interno degli edifici durante l'uso.

Esiste anche una versione con velo. Ha un'appendice in cima alla lancia e rotandola si ottiene una sorta di velo d'acqua che scherma l'operatore dal calore radiante delle fiamme. Questo tipo di lance di solito sono usate in ambienti ad alto rischio. Ti consiglio di non risparmiare sulle lance, perché ne ho viste molte, specialmente di quelle a rotazione che si bloccano in posizione di chiusura.

L'idrante a colonna soprassuolo dev'essere provvisto di una cassetta a corredo idrante, la quale al suo interno avrà: uno o più tubazioni UNI DN70 raccordata UNI 804, la lancia frazionatrice conforme UNI 11423, la chiave di manovra per aprire e chiudere la colonnina, la sella salva manichetta ed eventualmente una seconda lancia.

La cassetta idrante soprassuolo solitamente è posizionata fuori dai capannoni o dalle attività ricadenti nella lista del D.M. 151. Dev'essere ubicata in prossimità degli idranti, in cassette di contenimento solitamente in acciaio zincato e adeguatamente individuate da segnaletica.

Se serve, gli idranti soprassuolo possono avere anche una carenatura antivandalismo conforme alla UNI 14384.

Per quelli sottosuolo, invece, la norma di riferimento è la UNI EN 14339 e anche in questo caso gli idranti devono essere indicati con i tombini pitturati di rosso.

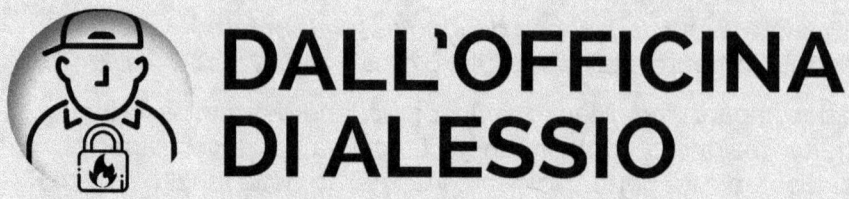

DALL'OFFICINA DI ALESSIO

La norma prescrive di avere delle dotazioni per le colonne soprassuolo, ma purtroppo ci sono ovunque molti problemi di vandalismo.

Si potrebbero mettere dei lucchetti o delle protezioni, ma in realtà questo non è possibile, perché le attrezzature antincendio devono essere sempre disponibili in caso di emergenza.

Tra le soluzioni contemplate c'è l'installazione di un vetro a rottura antinfortunistico, cioè antitaglio che può essere rotto e consentire l'accesso al contenuto senza tagliarsi; oppure un portello chiuso con sigillo a rottura. In alternativa, si possono avere le cassette con chiave, la quale però dev'essere custodita a bordo della cassetta stessa, in una nicchia protetta da lastra antitaglio.

Altre soluzioni al momento non sono contemplate.

Le tubazioni flessibili DN 45 e le manichette devono essere conformi alla UNI EN 14540 a lunghezza standard di 20 m. Possono anche essere più lunghe, in virtù del fatto che il progettista stabilisca che serve una distanza maggiore di copertura in fase di progettazione.

I rubinetti e i raccordi devono essere UNI 804 e i rubinetti devono essere UNI 45 PN16 filettatura ISO 7.

Ti ho fatto tutto questo discorsone sulle norme, perché spesso in fase di acquisto alle persone viene la bellissima idea di dire: "Quale manichetta costa meno? Beh, cavolo, ho un campeggio devo cambiarne 40 o 50. Se prendo quelle, spendo mille euro in meno!"

Forse la cosa ti farà ridere, ma la gente ragiona così, fidati. Poi alla fine mi tocca dirgli: "Guarda, belle le manichette nuove. Chi te le ha vendute? Ah! Bene! Ora cambiamole tutte, perché non sono a norma!" Svenimento …!

Questo accade perché nel mercato (e qua non è colpa tua, ma è a causa della mancata vigilanza) si vedono manichette vendute sottoprezzo prodotte in Cina (non impariamo mai, vero?) con i raccordi denominati VVF, che sono più leggeri ma non vanno bene, perché non sono a norma.

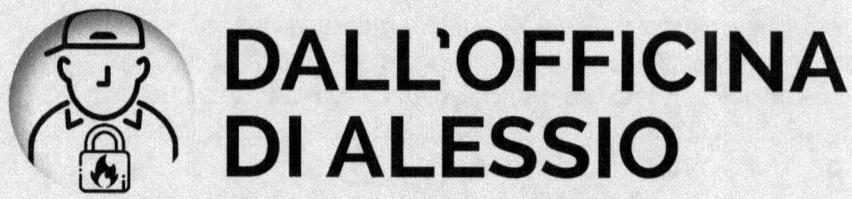

DALL'OFFICINA DI ALESSIO

Esistono manichette di bassa qualità che spesso vengono acquistate perché hanno un prezzo inferiore rispetto ad altre.

A me è successo di fare un collaudo a un cliente che si era procurato le manichette da solo, in un ingrosso di idraulica.

Sono scoppiate dopo un mese dall'installazione, nella fase di collaudo con i Vigili del Fuoco!!!

Erano certificate sulla carta, ma di qualità infima.

Da allora non mi fido più, e ai miei clienti fornisco solo quelle che conosco e, se posso, cerco sempre di dirigere il cliente verso l'alta qualità, in alternativa rinuncio alla vendita.

Considera che una manichetta è fatta di materiali, come ad esempio la gomma, che si deteriorano con i raggi solari e con le alte temperature.

Mi è capitato anche di trovare un raccordo che si era ovalizzato per l'escursione al caldo/freddo.

 La manichetta, quindi, assieme al gruppo pompe è la parte critica dell'impianto ed è necessario avere materiali di alta qualità.

Ogni idrante a muro è caratterizzato da un coefficiente di flusso K minimo, in funzione della pressione P e del diametro dell'ugello.

In fase di prova di verifica annuale, quando noi facciamo i test con lo strumento certificato misura pressione, abbiamo delle tabelle, attraverso le quali, in base al tipo di ugello e alla pressione, possiamo trovare la portata in litri al minuto. Questo dato dev'essere conforme al progetto originale.

Per la manutenzione, le norme tecniche di riferimento sono la UNI 10779, la 671/3, la PS 11559 del 2014 e la 12845, perché la parte sprinkler è coinvolta nella parte di alimentazione.

Dopo che l'impianto è stato installato e collaudato dall'installatore e dal progettista, può essere fatta la presa in carico. Anche in questo caso, la manutenzione dev'essere eseguita da persone competenti e qualificate e dev'essere svolta con cadenza almeno semestrale. La manutenzione sulle alimentazioni, invece, dev'essere eseguita ogni tre mesi, in conformità alla 671/3, tenendo presente manuale d'uso e manutenzione dell'impianto.

Tutte le tubazioni degli idranti devono essere collaudate una volta all'anno, alla pressione di rete. Solitamente, il collaudo annuale viene fatto con l'aria, perché bagnando le manichette c'è poi il rischio di farle marcire, quindi vanno asciugate.

Il test, che viene fatto annualmente, prevede di prendere tutte le manichette, srotolarle, metterle alla pressione di rete di circa 6-7 bar, e comunque, sempre nei limiti dei 12 bar, che è la massima pressione. In caso di screpolature o piccole perdite, devono essere sostituite o almeno collaudate a 12 bar con l'acqua. Però, generalmente si cambiano, perché il test ad acqua è un'operazione dispendiosa.

Ogni cinque anni, dev'essere eseguita la prova idraulica idrostatica alle tubazioni flessibili e semirigide secondo la 671/3.

Se non hai mai verificato questo tipo di lavorazione nel tuo impianto, inizia a preoccuparti seriamente.

La manutenzione dell'attacco motopompa dev'essere fatta almeno semestralmente, col test della manovrabilità delle valvole.

Per gli idranti soprassuolo e sottosuolo dev'essere invece fatta la verifica delle valvole con apertura e chiusura, verifica della facilità di apertura dei tappi, verifica del sistema di drenaggio e verifica di tutto l'apparato di corredo vicino all'idrante.

Per quanto riguarda gli idranti a muro, ogni sei mesi bisogna controllare che siano accessibili, senza danni e perdite, con istruzioni leggibili e chiare e che sia opportunamente indicata la segnaletica di impianto e controllo visivo delle tubazioni. In caso di difetti vanno sostituite.

Bisogna, inoltre, verificare anche la manovrabilità della lancia e il ripristino del sigillo con la conseguente cartellinatura.

Per le cassette naspo e le cassette di corredo idrante si eseguono le stesse prove, in più nel naspo va rivista anche la manovrabilità della bobina, che va estratta, ne va srotolata la tubazione per poi essere lubrificata.

Per il corredo idrante, bisogna invece controllare molto bene che ci sia dentro tutto il materiale necessario.

Una volta all'anno dev'essere fatta la prova di portata e pressione, seguendo i dati di progettazione disponibili.

Le operazioni di manutenzione, ovviamente, non si esauriscono qua. Questo libro, infatti, non deve servirti a trasformarti in un operatore professionista, ma deve solo darti le abilità e conoscenze di base per verificare cosa viene fatto nella tua azienda.

Scarica subito le check-list al link
www.manutenzioneantincendiodaincubo.com
e inizia a metterle in pratica fin da subito.

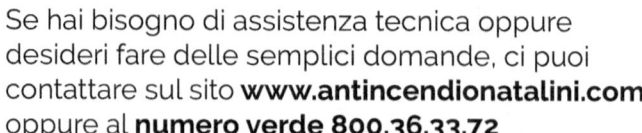

> Se hai bisogno di assistenza tecnica oppure desideri fare delle semplici domande, ci puoi contattare sul sito **www.antincendionatalini.com** oppure al **numero verde 800.36.33.72**

La manutenzione degli impianti sprinkler

#7

Il termine inglese "sprinkler" vuol dire "spruzzatore" e definisce appunto il sistema antincendio di tipo automatico a pioggia. Questo tipo d'impianto ha lo scopo di rilevare l'incendio attraverso delle testine sensibili al calore e di controllarlo attraverso l'erogazione automatica di acqua.

Non è come si vede nei film e in televisione, dove ci sono locali interi letteralmente inondati d'acqua, azionando il tutto semplicemente con un accendino. In realtà, questo tipo d'impianto interviene in modo localizzato, nella zona vicino alle fiamme, attraverso l'immediata erogazione di un certo quantitativo d'acqua. L'effetto che si ottiene è principalmente l'abbassamento immediato della temperatura alla fiamma e la separazione combustibile/comburente.

Questo tipo d'impianto è funzionante in modalità automatica e riesce a controllare l'espansione dell'incendio, consentendo così l'intervento dei Vigili del Fuoco in sicurezza, anche nei casi in cui non si verifichi la completa estinzione. È impiegato solitamente nei magazzini di stoccaggio o, più in generale, nei luoghi in cui si hanno elevati carichi d'incendio.

Un impianto sprinkler comprende una rete di tubazioni, di solito posizionata al livello del soffitto o della copertura, alla quale sono collegati gli ugelli erogatori. Tale impianto, ovviamente, dev'essere costruito secondo un progetto esecutivo fatto da un professionista abilitato.

Gli ugelli erogatori sono normalmente chiusi (diversamente si parla di impianto a diluvio) con un elemento termosensibile. La versione più usata è costituita da un'ampollina di colore rosso, tarata per rompersi a 68°. In caso d'incendio, il calore che viene sviluppato dalle fiamme comporta l'apertura di uno o più erogatori che si trovano nelle strette vicinanze dell'area dell'incendio. Si attiveranno gli ugelli immediatamente vicini alle fiamme e qui la fuoriuscita d'acqua in gocce permetterà il rapido controllo dell'incendio con il minimo di danni.

Di solito, è sufficiente l'attivazione di meno di quattro sprinkler per spegnere le fiamme, ma in scenari con incendi che si sviluppano rapidamente, come ad esempio incendi da idrocarburi, possono essere necessari anche più sprinkler per il controllo dell'incendio.

Adesso vediamo un po' di storia...Questo tipo d'impianto è stato inventato da Henry S. Parmalee di New Haven, Connecticut (USA), e brevettato nel 1874. Pur essendo un dispositivo rudimentale, era già costituito dai componenti che ancora oggi caratterizzano uno sprinkler: un corpo, un elemento termosensibile, un tappo, un orifizio e un deflettore.

Nel corso degli anni, gli impianti sprinkler sono stati migliorati nelle prestazioni e nelle tecnologie costruttive, riducendo così i tempi d'intervento e migliorando l'efficacia dell'azione di controllo ed estinzione dell'incendio.

Fino al 1940, i sistemi sprinkler sono stati installati essenzialmente in stabilimenti industriali e magazzini. Oggi, però, sono utilizzati anche per la protezione di centri commerciali, grandi uffici, autorimesse e teatri. L'America, ad esempio, che è all'avanguardia e maestra in questa tecnologia, ne fa ampio uso ed è davvero difficile trovare là un edificio pubblico che ne sia privo.

*Erogatore Sprinkler
Fonte: Shutterstock*

L'erogatore distribuisce acqua sopra un'area definita, normalmente compresa tra 9 e 20 m^2, ma questo dato può cambiare in funzione del rischio.

Il corpo costituisce la struttura dell'erogatore stesso. La tubazione di alimentazione è collegata alla base del corpo attraverso una filettatura, la quale tiene insieme il tappo e l'elemento termosensibile. Le finiture standard sono generalmente in ottone o cromo, di colore bianco e nero. Tuttavia, è possibile trovare anche finiture personalizzate per particolari esigenze estetiche. Inoltre, esistono anche verniciature speciali per aree soggette ad alta corrosione.

La scelta della tipologia del corpo dipende da alcuni fattori da valutare in fase progettuale, come ad esempio:

- la dimensione e il tipo di area che dev'essere protetta;
- il tipo di rischio;
- l'impatto visivo;
- le condizioni ambientali.

L'elemento termosensibile è il primo componente che attiva l'uscita fisica dell'acqua e la procedura di attivazione dell'impianto.

In condizioni normali, il tappo resta nella sua posizione senza fuoriuscita d'acqua. Non appena l'elemento termosensibile si rompe a causa del calore, cede e rilascia il tappo.

Gli elementi termosensibili sono disponibili in due tipologie:

1. lega metallica fusibile
2. bulbo di vetro frangibile

La normale temperatura di funzionamento è tra 57 e 77°C, ma alcune tipologie di installazioni richiedono sprinkler che possono essere utilizzati dove vi è una temperatura ambientale particolarmente elevata, ad esempio in prossimità di forni, vicino a motori generatori, e in generale altre fonti di calore. Sono previsti anche in caso di incendi particolarmente veloci, nella fase di espansione, che pertanto comportano l'apertura di un numero eccessivo di erogatori.

Raggiunta la temperatura di rottura nell'ambiente, è necessario un intervallo di tempo variabile da 30 secondi a 4 minuti per la rottura effettiva del bulbo.

Il tempo di reazione degli erogatori sprinkler standard varia dai 3 ai 4 minuti, mentre i "Quick Response" o sistemi a risposta rapida, si attivano in tempi più brevi.

La scelta del tempo di reazione di un sistema sprinkler è compito del progettista, che valuta il tipo di rischio da proteggere, il danno massimo accettabile etc.

Il deflettore è montato sul corpo dell'erogatore all'opposto dell'orifizio, e serve a frazionare il flusso d'acqua, un po' come si fa con la gomma per innaffiare i fiori in giardino. In questo modo, si ottiene una maggiore capacità estinguente grazie all'effetto ventaglio.

La geometria del deflettore determina il flusso d'acqua e di conseguenza la posizione di montaggio dell'erogatore.

Solitamente in condizioni standard gli sprinkler sono:

- rivolti verso l'alto (sopra le tubazioni);
- rivolti verso il basso (sotto le tubazioni);
- rivolti orizzontalmente
  (erogazione parallela a un muro o parete laterale).

Questi ultimi sono montati in modo da avere una lama d'acqua laterale.

L'erogatore dev'essere montato secondo il progetto, perché solo così si avrà un funzionamento corretto. A me è successo tantissime volte di vedere, anche in fase di presa in carico, ugelli sbagliati montati sull'impianto o anche della tipologia sbagliata, senza nessun rispetto del progetto e, soprattutto, della logica della protezione antincendio.

L'erogatore dev'essere montato come è stato progettato e solo così funzionerà correttamente e darà le prestazioni per le quali è stato pensato e progettato. Ricorda, inoltre, che le norme prevedono un certo quantitativo di sprinkler di scorta, in base al rischio specifico.

Tipologie di installazione

Esistono quattro tipologie principali di installazione sprinkler, che si differenziano in base alle modalità di funzionamento e all'ambiente dove vengono installati.

La scelta di questi diversi tipi dipende da varie considerazioni, tra cui:

- il grado di rischio dell'incendio
- la velocità di propagazione dell'incendio
- la sensibilità del contenuto al danno da bagnamento
- le condizioni ambientali
- il tempo di reazione desiderato

Vediamoli velocemente in serie.

I **sistemi sprinkler a umido** sono i più comuni. La definizione "a umido" indica che le tubazioni sono sempre riempite con l'acqua in pressione. Il calore provocato dall'incendio determina l'apertura degli erogatori che si trovano sopra l'area interessata. Di conseguenza, la fuoriuscita dell'acqua è immediata e continuerà ad essere alimentata dal gruppo di spinta, installato nell'attività, fino alla chiusura della valvola di controllo manuale.

Questo tipo di impianto non è indicato se le temperature sono inferiori a 4°C, in quanto i tubi potrebbero congelarsi e rendere inutilizzabile l'impianto.

I **sistemi sprinkler a secco** hanno tubazioni riempite con aria in pressione anziché acqua. Un'apposita valvola di controllo, detta "valvola a secco", viene posizionata in un'area precisa a temperatura controllata (tipicamente il locale pompe antincendio). Questa valvola evita l'ingresso dell'acqua fino a quando un incendio attiva gli sprinkler.

Con l'apertura degli erogatori, l'aria fuoriesce immediatamente e, di conseguenza, la valvola a secco si apre. Solo allora l'acqua entra nelle tubazioni e viene erogata, tramite gli sprinkler aperti, direttamente sull'incendio.

Il principale vantaggio dei sistemi sprinkler a secco è la protezione di spazi non riscaldati o refrigerati, dove i sistemi a umido potrebbero non funzionare a causa del congelamento dell'acqua all'interno dei tubi.

I **sistemi sprinkler a preallarme** utilizzano il concetto base dei sistemi a secco, in quanto le tubazioni non sono riempite d'acqua né tantomeno d'aria in pressione.

L'apertura della valvola di controllo è comandata da impianti di rivelazione incendi separati. Affinché l'acqua venga scaricata, occorre quindi un doppio consenso, apertura dell'erogatore e intervento dell'impianto di rivelazione (il quale potrebbe essere a sua volta a doppio consenso).

Questi sistemi sono impiegati dove si temono gravi danni da un eventuale falso allarme, oppure in conseguenza alla rottura accidentale di un erogatore o di un tubo, magari da parte di un muletto. Con un impianto a secco avremmo l'allagamento immediato, mentre con il preallarme c'è una duplice azione richiesta per il rilascio dell'acqua: l'apertura della valvola di preallarme, comandata dal sistema di rivelazione fumi, e l'apertura degli erogatori sprinkler. Tuttavia, la presenza di un impianto di rivelazione aumenta la complessità del sistema, con una maggiore possibilità di guasti e una minore affidabilità. In caso di malfunzionamento dell'impianto di rivelazione, non si avrebbe l'apertura della valvola di controllo, bloccando l'erogazione di acqua anche in caso d'incendio.

Se mantenuto in efficienza, questo tipo di impianto offre un livello di protezione aggiuntivo contro un rilascio accidentale dell'acqua. Per questo motivo, i preallarmi sono utilizzati in ambienti in cui possono esserci elementi che potrebbero essere danneggiati dall'acqua, come archivi, depositi di beni artistici, biblioteche con libri rari e centri di elaborazione dati.

I **sistemi a diluvio** non sono ancora previsti dalla UNI EN 121845.

Questi impianti hanno la particolarità di avere gli ugelli privi del tappo e dell'elemento termosensibile; fondamentalmente sono tubi vuoti con degli ugelli erogatori in cima sempre aperti. L'acqua è mantenuta in un'apposita valvola, la cui apertura è condizionata dal consenso della rivelazione fumi oppure è azionata manualmente. Ad esempio, potrei avere la necessità di proteggere un silos di gasolio e dei cavi termosensibili potrebbero fare da rivelatore di incendio e far scattare lo spegnimento successivo. Aprendosi tutti in contemporanea, permettono una grande portata d'acqua in simultanea, senza rottura degli sprinkler, creando una sorta di diluvio o nebbia d'acqua molto abbondante. È usato in impianti chimici, in depositi di carburanti o di gas dove c'è un alto rischio di incendi a rapida propagazione, anche di tipo esplosivo.

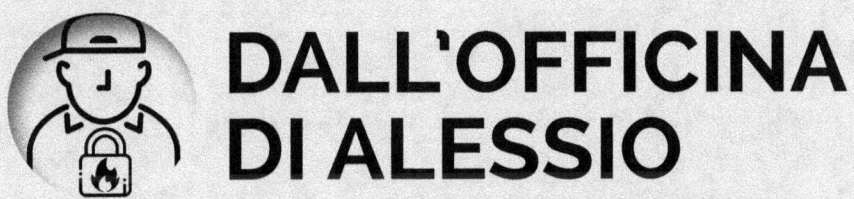

DALL'OFFICINA DI ALESSIO

Durante la manutenzione, è importante che i sistemi a diluvio siano effettivamente azionati, perché gli ugelli tendono ad occludersi.

Le tubazioni, infatti, non contengono acqua in movimento ma sono vuote e delle microscaglie di ossido di ferro si accumulano nel tubo e poi finiscono negli ugelli.

Un lavoro che spesso mi capita di fare è appunto liberare gli ugelli. Considera che solitamente più della metà di essi può intasarsi, anche solo parzialmente, impedendo il corretto funzionamento dell'intero impianto.

Ricordati che questi sistemi a diluvio si usano proprio in luoghi dove gli incendi si propagano rapidamente, magari anche in modo esplosivo.

L'erogazione dell'acqua sotto forma di aerosol è fondamentale per abbassare la temperatura, altrimenti l'effetto viene vanificato.

Certo, fare questo tipo di prove richiede tempo però è necessario e, se non le fai, ti potresti ritrovare con un impianto che all'occorrenza non faccia il suo dovere.

La manutenzione dei gruppi di spinta

#8

Le stazioni di pompaggio sono il luogo oscuro dove sono contenute le tecnologie che permettono il funzionamento degli impianti idrici antincendio.

Questo tipo di impianti, infatti, ha bisogno di un sistema propulsivo per permettere all'acqua di superare le perdite di carico che incontra durante il percorso nelle tubazioni e i dislivelli di altezza che la tubazione incontra durante il tragitto (pensa ad esempio a un condominio di 10 piani, si parla di almeno 10 metri di altezza da superare).

Non entrerò troppo nel tecnico, stai tranquillo, l'unico risultato che otterrei sarebbe quello di farti chiudere subito il libro!

Lascia che però ti spieghi in termini semplici il funzionamento e soprattutto il piano di manutenzione.

Esistono diverse tecnologie per poter, diciamo così, spostare l'acqua da un punto all'altro, ognuna con le sue caratteristiche e diversità nei piani di manutenzione.

Le nuove tecnologie e le ultime normative hanno cambiato profondamente il modo di costruire, progettare e manutenzionare i locali pompe antincendio negli ultimi anni.

L'evoluzione tecnologica ha fatto tesoro delle esperienze passate, portando così a un'evoluzione significativa nella direzione dell'affidabilità.

Ci sono in gioco delle vite, e ovviamente un impianto di protezione antincendio che utilizza l'acqua deve poter assicurare la prestazione in ogni condizione, sia durante un'interruzione di energia elettrica, sia in condizioni di bassa pressione dell'acquedotto. Sostanzialmente, il principio è che durante un incendio gli impianti funzionino, sempre.

La funzione della stazione di pompaggio e della relativa riserva d'acqua è appunto quella di rendere l'impianto stand-alone cioè staccato, sia nei confronti della rete idraulica pubblica, che non può garantire sempre la pressione e portata dichiarata da progetto, sia dall'energia elettrica, la quale può venire meno specialmente durante un incendio.

L'intero piano di manutenzione consiste nel mantenere le prestazioni di progetto di questi impianti. In altri termini, quello che hanno inizialmente pensato il progettista e il costruttore deve rimanere inalterato nel tempo.

I controlli riguardano principalmente dei test per verificare la partenza in manuale ma anche in automatico delle pompe, la verifica delle riserve, la verifica dell'idoneità del locale che ospita le pompe e delle alimentazioni elettriche.

Le pompe diesel, invece, devono eseguire un tagliando annuale delle verifiche sullo stato delle batterie, dell'olio, del livello del gasolio. Inoltre, devono essere effettuati dei test di partenza reali.

È fondamentale che lo scarico sia ben isolato, l'invasione nel locale dei fumi di scarico renderebbe infatti l'aria irrespirabile in pochissimo tempo, con la conseguente impossibilità di accesso al locale.

Se le pompe sono dotate di allarmi riportati in uffici presidiati, va verificato il loro funzionamento.

Più avanti ti spiegherò nel dettaglio il piano di manutenzione.

Le norme di riferimento sono tre: UNI 12845 relativa alla parte sprinkler, la UNI 10779 relativa agli idranti e la UNI 11292, relativa ai locali destinati a ospitare le unità di pompaggio.

Questo è un argomento che riguarda da vicino anche alcune tipologie di condominio, specialmente quelli dotati di vecchi impianti, per i quali nel corso del tempo sarà necessario fare un adeguamento tecnologico.

La UNI EN 12845 definisce gli standard, i requisiti minimi costruttivi dei gruppi di spinta ai quali i produttori devono attenersi, nei capitolati infatti si riporta proprio il riferimento a tale norma.

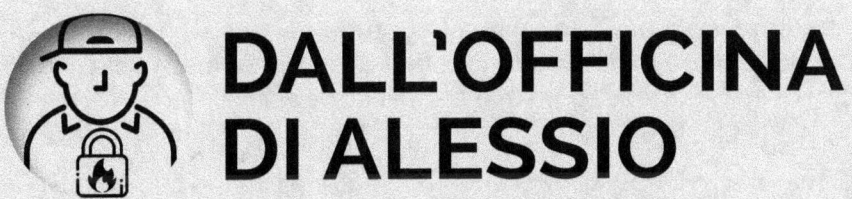

DALL'OFFICINA DI ALESSIO

Nei capitolati copia/incolla quasi sempre si fa riferimento solamente al prezzo.

Questo modo di fare è scorretto, conosci il detto "Chi più spende meno spende?".

Risparmi sulla qualità e durata dei componenti, ma questi si guasteranno prima, generando costi di manutenzione più alti nel tempo e pericolosi fermi impianto.

Attualmente, è previsto un locale pompe con resistenza al fuoco per almeno 60 minuti e tale locale dev'essere ad uso esclusivo, con divieto di stoccaggio di materiali combustibili.

Spesso si trovano locali antincendio pieni di foglie o, peggio, di materiali combustibili, e questi di materiali vanno sgombrati immediatamente.

Il locale per prescrizione normativa dev'essere sempre pulito, accessibile e tenuto sgombro da materiali infiammabili. Ricorda che il locale antincendio non è il tuo garage e, in caso d'incidente o controllo, potresti subire delle contestazioni. Inoltre, la temperatura dev'essere tenuta sotto controllo, per questo di solito si tiene un termo ventilatore all'interno del locale che viene appositamente regolato, la cui funzione è quella di evitare il congelamento dell'acqua, fondamentale soprattutto se sono presenti motori diesel oppure se si tratta di installazioni dove la temperatura in inverno scende molto sotto lo zero.

È molto importante, perché per loro tecnologia costruttiva i motori forniscono la prestazione a freddo (è presente un preriscaldo olio per evitare rotture, ma i motori sono fermi la maggior parte del tempo).

Pur avendo un preriscaldo, se il locale non è provvisto di un sistema di termo climatizzazione in inverno, specialmente in alcune zone d'Italia, ci possono essere problemi di partenza, con conseguenti guasti o rotture delle batterie.

I locali per i gruppi di pompaggio devono essere protetti tramite uno sprinkler, opzionale.

L'acqua della riserva dev'essere controllata almeno semestralmente, in quanto è fondamentale che sia priva di vegetazione e di materiali estranei. Nelle riserve d'acqua, infatti,

tendono a formarsi dei depositi di materiali, perché è acqua stagnante e tali depositi possono intasare l'aspirazione delle pompe, pregiudicando di molto la prestazione. Nel piano d'ispezione, le norme prevedono ispezioni accurate per le riserve idriche.

#8

I gruppi di pompaggio devono essere costruiti secondo quanto indicato nella norma 10 779 12 845 della NFPA o WLRFM, le configurazioni possibili sono con pompe elettriche o con pompe diesel.

La configurazione standard è costituita da una o più pompe antincendio e una di compenso. Quest'ultima è quella che si occupa di mantenere stabile la pressione nell'impianto, in quanto si occupa di "compensare" le micro perdite che sono fisiologiche negli impianti.

La pompa antincendio, quindi, poiché una volta attivata si ferma solo manualmente, interviene solo se c'è un'elevata richiesta d'acqua, mentre quella piccolina di compensazione compenserà le perdite di pressione più piccole.

A tal proposito, è vitale procedere a una taratura dei pressostati a scalare, dalla pressione di partenza della pompa pilota (la prima ad attivarsi), fino alle pressioni più basse di attivazione delle pompe antincendio. Queste pressioni vanno testate dal manutentore esterno con cadenza trimestrale.

Le pompe elettriche possono essere con asse verticale o orizzontale, sopra battente o sotto battente. Se il livello dell'acqua è sopra alle pompe, si parla di sotto battente, se invece la pompa aspira direttamente da un serbatoio interrato, avrò una pompa sopra battente, poiché il livello dell'acqua è sotto alle pompe e in questo caso occorrerà l'installazione di un serbatoio d'innesco.

Un altro tipo di pompa che possiamo trovare è quella sommersa, dove il corpo pompante è adagiato sul fondo della riserva d'acqua e la spinge direttamente nella tubazione dell'impianto. Il quadro comandi è invece posizionato nel locale pompe.

A causa di problemi di affidabilità, si tende a evitare, se possibile, questa scelta tecnica.

Le pompe sopra battente non devono mai aspirare aria, per questo hanno la valvola di fondo. Nel tratto di aspirazione, questa valvola permette il flusso in aspirazione ma si chiude nel senso opposto.

Il tratto di tubo tra pompa e riserva dev'essere sempre pieno d'acqua. Se tutto funziona, il serbatoio d'innesco si occupa di tenere questo tratto costantemente pieno.

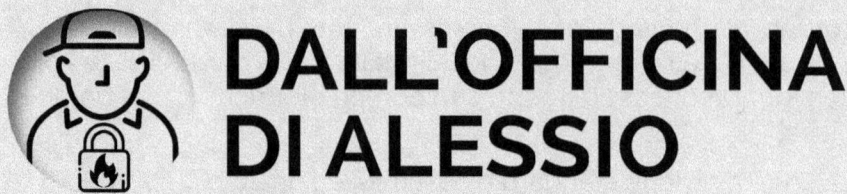
DALL'OFFICINA DI ALESSIO

Molto spesso, durante la manutenzione, riscontriamo un malfunzionamento nella valvola di fondo.

Te ne accorgi perché c'è scorrimento d'acqua nella valvola che riempie la vasca d'adescamento.

Per questo ti consiglio di verificare se hai un consumo anomalo d'acqua, perché non andando spesso nel locale pompe, potresti buttare via migliaia di litri senza accorgertene.

#8

Il locale dev'essere areato. Ovviamente, le norme ne definiscono bene le modalità, ma in generale, specialmente in caso di presenza di motori diesel, occorre un'adeguata ventilazione. Se lo scarico dei gas perde dentro il locale, ripristinalo immediatamente perché dopo alcuni minuti l'aria diventa irrespirabile, rendendo difficile manovrare il quadro di comando.

A seconda dei casi, ci possono essere delle serrande che si aprono automaticamente alla partenza dei motori.

Ogni pompa ha un suo quadro elettrico indipendente, che ti permette di selezionare la pompa in modalità manuale, automatica oppure ti consente d'isolarla.

La cura e un'adeguata manutenzione del locale pompe sono importanti, in quanto i quadri elettrici di comando possono guastarsi, in caso di ambienti umidi o di perdite accidentali d'acqua.

Ogni motore diesel ha il suo deposito di alimentazione. Dev'essere verificato il suo livello e controllato che sia presente un sistema di carico del gasolio o manuale o attraverso pompe manuali.

La spia che ne riporta il livello dev'essere ben visibile.

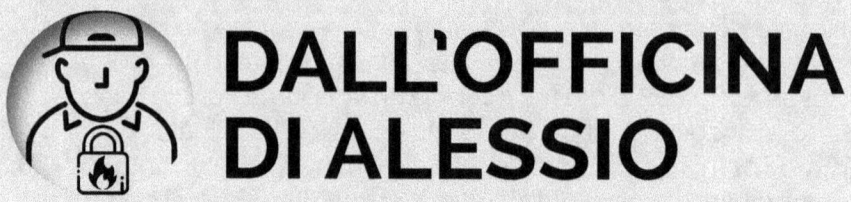

DALL'OFFICINA DI ALESSIO

Un inconveniente abbastanza disastroso che ho riscontrato negli anni è il fenomeno delle lacche di gasolio.

Stando fermo per la maggior parte del tempo, sia il motore che il gasolio, si crea un fenomeno che comporta grossi problemi.

Si creano delle lacche, ovvero dei grumi di idrocarburo simile al catrame.

Quando questo deposito raggiunge il sistema di iniezione, può causare un completo blocco del motore.

In un condominio, mi è capitato proprio questo su un motore diesel e l'intervento di ripristino è stato pesante, in quanto ho dovuto far smontare e revisionare completamente tutto il sistema di iniezione dalla casa madre.

La soluzione è quella di far muovere il più spesso possibile il motore, in modo anche da integrare la riserva con gasolio fresco.

Per far ciò, abbiamo degli specifici corsi per addestrare il tuo personale a farlo anche in autonomia.

All'interno delle pompe, c'è il circuito di prova, cioè la pompa pesca dall'alimentazione, prende l'acqua e la sposta nella stessa riserva passando dal circuito di bypass; qua c'è il componente essenziale, il misuratore di portata, che fondamentalmente misura la quantità d'acqua che passa attraverso il tubo. Questa è una sorta di prova in bianco.

La manutenzione dei gruppi di spinta dev'essere affidata a un manutentore antincendio qualificato il quale, dopo aver eseguito ispezione e controllo, sia in grado di riportare nelle corrette condizioni di funzionamento l'impianto e rediga un rapporto all'interno del registro antincendio.

Il rapporto dev'essere dettagliato e conforme alle norme, ed è fondamentale. Dovrà infine redigere un rapporto di anomalie da risolvere e un preventivo per la loro eliminazione.

Prendendo in considerazione la norma UNI EN 12845, vediamo per grandi linee le operazioni da effettuare al tuo gruppo pompe.

Il controllo periodico settimanale

Ogni fase deve essere eseguita in intervalli non inferiori di sette giorni. I controlli di quanto elencato di seguito deve essere controllati e registrati:

- *Tutte le letture di pressione dei manometri dell'acqua e dell'aria sugli impianti;*
- *Condotte principali e serbatoio a pressione;*
- *La pressione nelle tubazioni a secco alternate e a preazione: non dovrebbe scendere di oltre un bar alla settimana;*
- *Tutti livelli dell'acqua dei bacini di accumulo privati, sopraelevati, fiumi, canali, laghi, serbatoi d'accumulo inclusi quelli di adescamento della pompa;*
- *La posizione corretta delle valvole principale: sarebbe anche il caso di andare a mettere dei lucchetti per posizionare le principali valvole di mandata in posizione aperta.*

La prova di avviamento automatico della pompa

Le prove devono comprendere quanto segue:

- *Il controllo dei livelli di carburante e oli lubrificanti nei motori diesel: si deve ridurre la pressione dell'acqua sul dispositivo* di avviamento, così da simulare la condizione di avviamento automatico; quando la pompa si avvia, la pressione di avviamento deve essere controllata e registrata;

- Il controllo della pressione dell'olio sul motore diesel il controllo del flusso dell'acqua attraverso l'impianto di raffreddamento a circuito aperto;

- Prova di riavvio del motore diesel subito dopo aver terminato la prova di riavvio della pompa come sopra scritto, procedendo immediatamente al collaudo dei motori diesel come segue;

- Far funzionare il motore per 20 minuti oppure per il tempo raccomandato dal fornitore; il motore deve essere poi fermato e riavviato tramite il pulsante di prova dell'avviamento e deve essere controllato il livello dell'acqua nel circuito primario dell'impianto di raffreddamento a circuito chiuso.
Durante la prova, procedere anche al controllo della pressione dell'olio, laddove presenti manometri della temperatura motore del flusso del refrigerante delle tubazioni dell'olio. Si deve anche eseguire un'ispezione generale per eventuali perdite di carburante, liquido refrigerante o fumi di scarico

Tutte queste attività possono essere eseguite anche dal proprietario/conduttore previa formazione adeguata.

Controllo periodico mensile

Durante questa fase si deve procedere al controllo del livello della densità dell'elettrolita, di tutte le celle degli accumulatori al piombo, incluse le batterie di avviamento del motore diesel e quelle per l'alimentazione del quadro di controllo elettrico. Se la densità è bassa, deve essere controllato il caricabatterie e, se correttamente funzionante la batteria e o batterie interessate vanno sostituite

Queste attività possono essere eseguite dal proprietario/conduttore previa formazione adeguata

Programma di assistenza prove e manutenzione

Le attività di seguito elencate debbono essere eseguite da personale competente e qualificato, appartenente ad aziende in possesso dei requisiti previsti.

Si devono eseguire tutte le procedure come da programma, oltre a quelle raccomandate da fornitori delle apparecchiature.

L'utente deve ricevere un resoconto firmato e datato dell'ispezione effettuata, che deve contenere la notifica di qualsiasi intervento eseguito e necessario, così come i dettagli di qualunque fattore esterno che potrebbe aver influenzato i risultati, come ad esempio le condizioni atmosferiche.

Controllo trimestrale

È a carico dell'azienda manutentrice, però la norma riporta anche alcune operazioni per impianti sprinkler; nel caso di idranti alcune cose non si fanno perché non esistono.

Revisione del livello di pericolo

In caso siano effettuate le modifiche sulla struttura, modalità di deposito, riscaldamento, illuminazione o posizionamento delle apparecchiature, si deve identificare l'effetto sulla classificazione del pericolo e sul progetto dell'impianto.

Tutto questo consente di eseguire le appropriate modifiche. Se per esempio un impianto sprinkler ha dei rami di tubazioni che passano sopra un magazzino, significa che il progettista è andato a definire molto chiaramente il tipo di materiale stoccato; quindi se viene cambiato tipo di materiale oppure anche la forma di stoccaggio, evidentemente questo impatta molto sulle prestazioni dell'impianto.

Alimentazione idrica e allarmi

Si deve verificare che ogni alimentazione idrica su ciascuna stazione di controllo sia presente nel sistema. La pompa o le pompe, se presenti nell'alimentazione, devono avviarsi automaticamente e i valori di pressione e portata che vengono misurati non devono essere inferiori a quelli nominali, riportati in conformità al punto 10 della UNI EN 12845. Ogni variazione effettuata deve essere registrata come indicato al punto 20.3.2.

Uno dei doveri fondamentali del manutentore è essere sempre aggiornato su questo tipo di normative, che non sono divulgabili gratuitamente.

L'alimentazione elettrica

Procedere al controllo di qualsiasi alimentazione elettrica secondaria, derivante dai generatori diesel, per accertarne il corretto funzionamento. Gli impianti antincendio devono essere collegati a una fonte elettrica primaria, mentre i generatori diesel usati come pompa antincendio non ne hanno bisogno perché sono autonomi; è proprio per questo che si usano, perché sono molto più affidabili. Ma se una stazione di pompaggio ha solamente pompe elettriche bisogna capire dove sono collegate. In un campeggio se le pompe antincendio in caso di black out vengono alimentate da un generatore diesel, bisogna dotarsi anche di un piano di manutenzione specifico di tale generatore.

Gli allarmi di portata, quali flussostrati e manometri, devono essere controllati per verificarne il funzionamento. Controllare anche la quantità e le condizioni delle parti di ricambio, e se queste sono disponibili. Per impianti sprinkler occorre avere ricambi omologati identici a quelli installati di scorta in base al rischio.

La prova annuale prova di portata della pompa automatica

Va effettuata con la pompa di alimentazione in condizioni di pieno carico, mentre i valori di pressione e di portata che ne risultano devono essere quelli indicati sulla targa della pompa. È necessario considerare eventuali perdite di pressione nelle tubazioni di alimentazione e nelle valvole tra risorsa d'acqua e ciascun gruppo.

Prove di portata dove non è installata una pompa

Ciascuna alimentazione idrica dell'impianto deve essere sottoposta a prove di condizionamento in pieno carico, tramite il collegamento all'alimentazione idrica a monte della stazione di controllo, soddisfacendo i valori di pressione e portata richiesti. È necessario considerare eventuali perdite di pressione nei tubi di alimentazione e nelle valvole tra alimentazione idrica e ciascun gruppo delle stazioni di controllo.

Prova di mancato avviamento del motore diesel

L'allarme di mancato avviamento deve essere sottoposto a prova in conformità al punto 10.9.7.2 della 12845. Dopo aver eseguito la verifica, procedere immediatamente ad avviare il motore utilizzando sistemi di avviamento manuale. Occorre poi ispezionare la valvola del galleggiante e del serbatoio, perché di solito è manuale. Questa è una valvola con un galleggiante e quando il livello dell'acqua scende, apre la valvola che reintegra la riserva idraulica. Questa deve essere testata perché spesso si blocca.

Ogni tre anni i serbatoi di accumulo e a pressione, ad eccezione di quelli progettati per non necessitare di manutenzione per un tempo inferiore a 10 anni, devono essere ispezionati internamente e, se necessario, drenati e puliti. Durante la verifica bisogna seguire le raccomandazioni del fabbricante, per controllare eventuali corrosioni o se necessario tutti i serbatoi devono essere riverniciati e sottoposti a rinnovamento dalla protezione dalla corrosione.

Tutte le valvole d'intercettazione dell'alimentazione idrica, quella di allarme e quella di non ritorno, devono essere verificate e sostituite o revisionate se necessario. Ogni 10 anni tutte le riserve idriche devono essere pulite, esaminate internamente e l'impermeabilizzazione controllata. Solitamente, per la pulizia delle cisterne si richiede il drenaggio, ma ai fini del risparmio idrico potrebbero essere accettabili anche soluzioni alternative.

Questo è solo un piccolo excursus, non troppo tecnico, riguardo le pompe antincendio. Ogni test e risultato dev'essere registrato con delle check-list specifiche.

Spesso vedo in giro report molto generici che riportano solo la dicitura "manutenzioni pompe antincendio", la data e poco più.

Per noi manutentori, mantenere un certo standard non è facile, le operazioni da fare sono molte e ognuno ha i propri modi di operare.

Per questo, nel *Sistema Manutenzione Protetta*® abbiamo predisposto delle check-list univoche per tutti i tipi di impianti, migliorando di molto lo standard qualitativo.

Ogni manutentore ha la lista chiara dei controlli da eseguire, quindi tutti i nostri manutentori lavorano con la stessa modalità di verifica, nessuno si dimentica qualcosa per strada e la documentazione prodotta in modo sistematico ti mette al riparo da eventuali controlli.

Come ti ho già detto, i locali antincendio per la parte costruttiva, sono definiti da una norma che impone determinati requisiti. Si tratta della UNI 11292, che ne specifica l'accessibilità, l'accesso alle macchine, la luminosità, il tipo di pavimentazione, l'areazione, il tipo di raffreddamento dei motori diesel, i drenaggi etc.

Per questo, esistono in commercio soluzioni "chiavi in mano", sia per installazioni fuori terra che interrate.

Questi sistemi costituiscono una buona forma di risparmio, perché sostanzialmente il produttore garantisce che tutti i requisiti siano stati rispettati.

Attualmente, possiamo fornire questi sistemi con la formula del noleggio con la manutenzione inclusa.

Pensaci, magari compri un box completo di pompe con determinate caratteristiche, ma se l'anno dopo o 3 - 4 anni dopo, decidi di ampliare l'attività ad esempio con un ampliamento del capannone, il box acquistato potrebbe non essere più sufficiente a sostenere l'aggravio di carico di incendio e le nuove bocchette da installare, rendendo l'investimento inutile. Con la formula noleggio, invece, c'è maggiore flessibilità. Se ti serve un altro tipo di box, lo restituisci e ne prendi un altro.

La manutenzione di porte e portoni tagliafuoco

#9

Le porte antincendio costituiscono un sistema di protezione passiva.

Sono molto importanti per garantire l'incolumità delle persone e per proteggere i beni dai danni devastanti di un incendio. Innanzitutto, è importante chiarire che gli effetti dannosi di un incendio non si limitano alle fiamme, come si potrebbe pensare, ma esistono minacce forse peggiori.

I fumi densi e caldi annullano la visibilità ambientale, causando enormi problemi alle persone e ostacolando ad esempio l'individuazione delle vie di fuga. Inoltre, causano difficoltà respiratorie a causa delle sostanze tossiche che disperdono nell'aria e sono co-responsabili dell'espansione dell'incendio e dell'effetto flashover. Gli effetti dannosi sono anche dovuti al calore radiante sviluppato dall'incendio, che distrugge le strutture portanti, causando crolli importanti anche entro i 60 minuti dal principio d'incendio.

Questi aspetti, che le persone tendono spesso a ignorare proprio perché non hanno esperienza diretta di questo tipo di scenario, sono invece vitali. Non è un caso infatti che i clienti che subiscono un incendio in azienda, in auto oppure in casa, dopo tendano a dare moltissima attenzione alla manutenzione e sono i primi a voler potenziare gli impianti antincendio presenti.

Ti basta vedere alcuni video in internet per capire come, in una piccola stanza, un incendio si propaghi molto velocemente, con un grande spargimento di calore e fumo, rendendo l'aria irrespirabile in brevissimo tempo.

Ma ora veniamo all'argomento di questo capitolo: le porte antincendio.

Sono definite semplicemente REI, un acronimo che ne indica le tre principali caratteristiche:

- Resistenza (Resistent): indica che la porta è costruita con materiali resistenti alle fiamme. Impedisce il propagarsi del fuoco oltre l'ambiente interessato dall'incendio;
- Tenuta dei gas (Enchentolonage): la porta non permette ai gas di combustione di penetrare negli altri ambienti, grazie alle guarnizioni termo espandenti;

- Isolamento termico (Isolement): la porta isola gli ambienti che, nonostante l'incendio, si manterranno su temperature normali e accettabili per la sopravvivenza.

Sono presenti in gran parte degli edifici pubblici e privati e sono essenziali per rendere il locale più sicuro per i frequentatori. Le troviamo nei condomini e nelle case private, nei supermercati e nei locali pubblici, le distingui dal fatto che sono costruite da materiale metallico e hanno la classica maniglia nera.

La porta antincendio è usata fra un compartimento e l'altro, cioè fra due locali adiacenti, secondo i criteri individuati dai progettisti. Lo scopo fondamentale è quello di interrompere appunto il propagarsi delle fiamme e salvaguardare la vita delle persone.

Ne vengono prodotte di diverse tipologie.

Il primo tipo è la porta tagliafuoco a battente. È una porta ad anta singola o doppia anta, la cui struttura è completamente realizzata in materiale ignifugo, resistente alle alte temperature; in particolare l'interno è costituito da lana di roccia e la parte esterna del telaio è di acciaio. Su ogni lato ci sono delle speciali guarnizioni termo espandenti che si espandono con il calore, offrono una tenuta eccezionale per quanto riguarda i trafilamenti dei fumi caldi, e non permettono quindi che passi il fumo attraverso la porta. Queste guarnizioni col calore arrivano ad espandersi fino a 3 volte in volume.

Facciamo un esempio pratico: una porta a battente REI 60 indica che resiste al fuoco, secondo il diritto ministeriale del 16 febbraio 2007, 60 minuti.

Ci sono poi porte REI 30 e REI 120 (le più usate), in base alle scelte progettuali e al carico di incendio si individua la tipologia. Per esempio, nelle strutture alberghiere per le camere si usano le REI 30 a doppio battente con selettore di chiusura o battente singolo.

Il selettore di chiusura è un accessorio fondamentale che permette la corretta chiusura della porta, impedisce all'anta secondaria di chiudersi prima della principale.

In fase di manutenzione, deve quindi essere sempre garantita la chiusura in automatico del serramento con l'anta secondaria, che si chiude prima della primaria. Questo preselettore di chiusura è molto importante e va verificato semestralmente, se necessario va registrato.

La seconda tipologia di porte è rappresentata da quelle scorrevoli, solitamente usate in edifici industriali o nelle autorimesse. Sono porte estremamente robuste, di grandi dimensioni e scorrevoli in senso orizzontale; questi portoni servono a chiudere le aperture, qualora ci sia un passaggio che dev'essere lasciato normalmente libero.

Prendiamo ad esempio un'autorimessa, il portone scorrevole tagliafuoco sarà normalmente aperto, trattenuto da un elettromagnete. In condizioni standard, il passaggio è sempre libero al transito, nel caso in cui si verifichi un incendio, la centrale di rivelazione fumi, si attiverà liberando in modo autonomo il portellone. Grazie a un sistema di contrappesi, il portone si chiuderà autonomamente, senza bisogno di elettricità poiché sfrutta la forza dei contrappesi.

Questi portoni antincendio hanno dei criteri molto precisi sia per il montaggio che per la posa in opera.

Attraverso un meccanismo di montaggio in sequenza, i pannelli s'incastrano uno dentro all'altro andando a costruire il portone.

Ci sono anche gli scorrevoli verticali, chiamati passa vivande, che chiudono le aperture piccole in senso verticale, dove non c'è la possibilità di avere un ingombro laterale.

Il principio è lo stesso, solo che cadono verticalmente, andando a chiudere il setto antincendio. L'installazione più tipica è per la chiusura dei passavivande nelle cucine dei ristoranti.

Un'altra tipologia di porta è quella a vetrata, con vetri idonei a essere montati solo all'interno.

Sono usate per motivi estetici o se si necessita di visibilità. Sono poco usate, soprattutto per i costi che possono essere molto elevati.

Le porte antincendio devono essere dotate di un meccanismo di autochiusura, un aspetto su cui molti imprenditori e installatori si trovano in difetto.

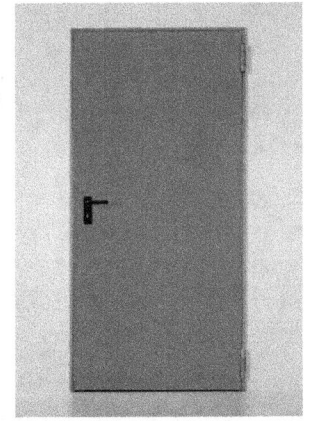

Porta tagliafuoco
Fonte: ninz.com

Le porte a battente hanno una molla nel cardine che fa sì che quando si apre la porta, dopo si possa richiudere.

Questa è la configurazione standard ed è conforme alle normative. Nella vita di tutti i giorni, però, capita che il passaggio sia molto trafficato da personale di servizio e in questi casi diventa impossibile gestire la porta in questo modo. L'infisso è, infatti, abbastanza pesante, perciò se per esempio ho un'attività come un ristorante dove c'è un forte passaggio di personale, avrò la necessità che la porta sia sempre aperta. Per ovviare al problema, quindi, spesso si mette una zeppa di legno sotto la porta, oppure un estintore in terra o addirittura un laccio che la tiene aperta.

Ecco, questo è un grave problema perché la porta deve potersi chiudere da sola e bloccarla con questi metodi ti espone a multe salate.

Per evitarlo, è bene gestirla con un sistema di trattenuta certificato, come un magnete.

Il sistema è costituito da due piastre con un magnete incorporato, il quale è tenuto in tensione da una centrale antincendio.

Se la centrale rivela un principio d'incendio, va in allarme e stacca la tensione al magnete, facendo richiudere la porta automaticamente.

Le porte sono per la maggior parte del tempo ferme in posizione aperta, questo anche se sembra contro intuitivo, le logora più di un uso continuativo, lo sporco inoltre si insinua nella chiusura rendendo perciò l'autochiusura impossibile.

Il portellone scorrevole ha un grande bisogno di manutenzione semestrale perché è un infisso molto pesante, che sta sempre fermo in ambienti come garage o aree industriali; accumula sporco e ruggine. Si può anche tranciare il cavo perché è sempre in tensione col peso.

Il manutentore, in questo caso, svolge un ruolo cruciale, in quanto è fondamentale verificare non solo le porte ma l'automatismo dell'autochiusura attraverso la centrale antincendio.

#9

È proprio in questo che consiste il grande valore aggiunto del *Sistema Manutenzione Protetta®;* quando il manutentore entra in azienda, si occupa delle porte REI, come un apparato circolatorio nella sua globalità e non come se fosse a sé stante. Ragiona un attimo con me. Un chirurgo può preoccuparsi di rimuovere un neo, senza accorgersi che 5 cm più in là c'è un melanoma? È assurdo, vero? Non può accadere questo! Ti porto quest'esempio per farti comprendere che questi sistemi devono agire in armonia tra loro. È proprio questo l'enorme vantaggio di avere un'ottica sulla prevenzione incendi come la nostra, di tipo globale.

Le norme di riferimento per la costruzione sono la UNI 9723, la UNI 1634, il decreto ministeriale 14 dicembre 1993, il decreto ministeriale 21 giugno 2004 e la UNI 16034.

Le porte installate lungo le vie di esodo seguono il decreto ministeriale 3 novembre 2004 e il decreto 6 dicembre 2011, che ha cambiato il decreto precedente e la norma 11 473/1/2/3, mentre per quanto riguarda l'installazione e la manutenzione si segue la UNI 11473.

Le porte individuate nel piano di emergenza possono essere usate come via di uscita perché, se occorre attraversare un compartimento antincendio, devo passare da una porta REI e questa porta può essere dotata di un maniglione antipanico. Questo le dà un attributo in più, la trasforma in porta uscita di emergenza antifuoco.

Può anche essere installato un portone pedonale sui portoni scorrevoli, in questo modo, un portone chiuso può essere attraversato, mediante una porta REI ad anta singola, installata dentro al portone e dotata di maniglione. Questa si apre se il portellone è chiuso in caso d'incendio. Questa installazione è utile specialmente in un luogo cieco, con la porta che si chiude, dovendo comunque permettere alle persone di uscire dal locale.

Installazione

L'installazione dev'essere fatta da persone formate e abilitate, che conoscono la regola dell'arte, con un'opportuna conoscenza delle diverse tipologie di porte e dei diversi sistemi di installazione, in relazione anche al supporto esistente.

Una porta, infatti, può essere installata usando diversi sistemi come tasselli, murate con zanche, ma può anche essere installata su cartongesso. Come al solito, capita di vedere di tutto, come porte montate con tasselli di plastica, non certificati per il montaggio sul cartongesso... Ogni tipo di montaggio ha le sue peculiarità, non si possono montare le porte a caso.

È per questo che la fase di sopralluogo preliminare è fondamentale. In questo modo, si può ordinare il corretto tipo di porta, altrimenti si rischia di ordinarne una non idonea in fase di acquisto o di sbagliarne il montaggio. Tutto questo, ovviamente, vanifica l'intero lavoro.

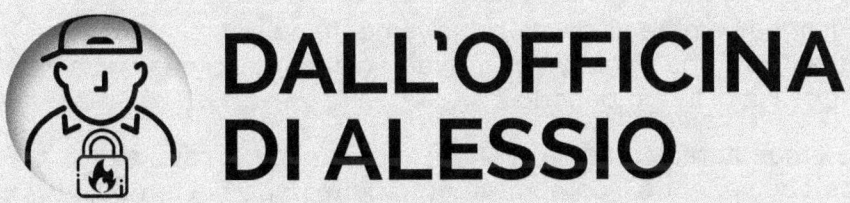

DALL'OFFICINA DI ALESSIO

L'imprenditore Spaccamilioni della ditta Furbetti Srl pensa: "Prendo questa, tanto poi c'è il muratore interno, ci pensa lui!".

Questo è il classico prototipo dell'imprenditore che vuole risparmiare, per cui spende meno e fa montare la porta a chi non ha nessuna competenza in tale ambito specifico.

Tutto bene, fino a quando poi il manutentore dopo 7-8 mesi, oppure i pompieri in fase di verifica, gli dicono che la porta non è idonea.

Mi spiego meglio, la porta in sé andrebbe anche bene, ma il montaggio non è stato fatto correttamente e la certificazione non è valida, in quanto il produttore che testa le porte in un apposito laboratorio accreditato, lo fa in forno con un prototipo e con un determinato tipo di montaggio.

Se per esempio il produttore usa tasselli in ferro di un modello specifico, ma poi l'imprenditore fa montare quelli in plastica, non si ricreano le stesse condizioni del test di laboratorio.

Di conseguenza, l'omologazione non è più valida e, tradotto in parole semplici, la porta potrebbe venire giù dopo 15 minuti!

Così si ritrova con diverse centinaia di euro spese per una porta e un'installazione sbagliate.

A questo punto, non c'è altro da fare: la porta dev'essere smurata, ricomprata e reinstallata nella maniera corretta e secondo omologazione.

A questo si aggiunge, inoltre, lo smaltimento della vecchia porta, che costituisce un problema in più, in quanto si tratta di rifiuti speciali, cioè ferro e lana di roccia.

E così, anche questa volta, il caro Spaccamilioni invece di risparmiare ha speso più del necessario.

Bisogna sempre affidarsi esclusivamente agli installatori qualificati, che siano anche in grado di fare manutenzione con un'ottica di lungo periodo.

È il manutentore che ha una skill in più del puro installatore, perché vedendo il comportamento delle porte nel tempo e in vari ambienti, conosce già le criticità a cui andrà incontro.

Il manutentore prevede se il muro reggerà oppure no; se la porta può subire l'attacco della ruggine in breve tempo; oppure se è previsto un frequente passaggio e in questo caso può consigliare un chiudiporta aereo. Per montaggi speciali di portelloni di grandi dimensioni, può succedere anche di montarli ad anta singola.

Mi è capitato di dover gestire una situazione dove c'era il problema del vento, perché la corrente d'aria impediva la chiusura della porta.

Sono tante le variabili da considerare quando si montano le porte antincendio, non è assolutamente una cosa semplice e banale e non ci si può affidare a installatori improvvisati o poco esperti nell'ambito della prevenzione antincendio.

Una volta che la porta è stata installata correttamente, devi farti dare una copia dell'atto di omologazione della stessa, nonché la dichiarazione di conformità del produttore, il libretto di uso e manutenzione e la dichiarazione di corretta posa in opera dell'installatore, sul modello idoneo. Tali documentazioni sono fondamentali per poi fare la presa in carico e la successiva manutenzione.

Queste hanno lo scopo di mantenere l'infisso inalterato nel tempo, così come è stato pensato dal costruttore. Se una porta è omologata per resistere 60 minuti, ma è montata con tasselli di plastica, molto probabilmente verrà giù ben prima dell'ora garantita.

Quello a cui bisogna prestare molta attenzione è seguire tutti i passaggi correttamente, seguendo le norme e i criteri di installazione dati dal costruttore dell'infisso. Inoltre, il manutentore deve conoscere sicuramente la regola dell'arte, avere esperienza e conoscenza tecnica dei diversi tipi di portoni e deve possedere le norma UNI di riferimento.

#9

La manutenzione

Le fasi della manutenzione sono dettate dalla UNI 11473 e sono: presa in carico, sorveglianza, controllo periodico, manutenzione ordinaria, manutenzione straordinaria. In pratica il solito schema già visto e che continueremo a vedere per gli altri dispositivi antincendio.

La presa in carico si fa la prima volta in maniera formalizzata e scritta, mentre la sorveglianza è a carico dell'azienda. Il controllo periodico è almeno due volte all'anno e si fa solitamente in concomitanza con la manutenzione alle altre attrezzature antincendio.

È assolutamente la cosa più intelligente da fare, pianificando così una manutenzione generale dell'intero sistema antincendio. Anche in questo caso occorre la precisa registrazione degli interventi eseguiti e delle anomalie riscontrate.

La manutenzione ordinaria si occupa delle piccole anomalie, di registrare le viti, di stringere la maniglia, compilando sempre il rapporto. La straordinaria si esegue in caso di non conformità più gravi, come per esempio un muletto che rompe un pezzo di portellone e pertanto dev'esserne cambiato il profilo. In questo caso, parliamo appunto di manutenzione straordinaria, da fare in base al tipo di costruttore e al codice matricola, recuperando il ricambio rigorosamente originale.

Anche per le porte antincendio, andare dal meno caro non è mai un giusto criterio. Quello che occorre fare alle porte non è controllare che si aprano e si chiudano mettendo la firma sul cartellino, come fanno tanti. Se adesso la gestisci così, sappi che stai rischiando grosso, non è la maniera corretta di fare la manutenzione.

Prima di tutto, serve la formazione del personale, che conosca la documentazione, la check-list, l'attrezzatura per fare piccoli interventi. Inoltre, sappi che non sono poi operazioni che si fanno in pochi minuti, serve tempo. Bisogna andare in alto, sulla guida dei portelloni, controllare la parte superiore, quindi può servire anche la piattaforma. Se al controllo magari c'è dello sporco nella guida, allora quest'ultima va oliata e pulita, levando prima il carter.

Devi capire che non è un'operazione che richiede cinque minuti. Chi fa questo, sappi che ti mette a rischio di multa e di denuncia.

Se sotto questo aspetto al momento non ti senti sicuro, compila il questionario sul sito per richiedere una consulenza gratuita.

Le uscite d'emergenza

L'impianto normativo è costituito dal decreto ministeriale 3 novembre 2004; il decreto 6 dicembre 2011, che modifica il precedente; la lettera circolare 4963 del 4 aprile 2012, che invece gestisce l'uso delle vie d'esodo e le uscite di emergenza in presenza di porte scorrevoli orizzontali munite di dispositivi di apertura automatica ridondante; il decreto 10 marzo '98 e il D.M. 8104.

All'interno del decreto 3 novembre 2004 si gestiscono *le disposizioni sull'installazione e manutenzione dei dispositivi per l'apertura delle porte installate lungo le vie di esodo, relativamente alla sicurezza in caso di incendio.*

La via di emergenza è un percorso all'interno del quale non ci sono ostacoli al deflusso delle persone, consente quindi alle persone che occupano un edificio o un locale di raggiungere un luogo sicuro.

L'uscita di emergenza è sostanzialmente un passaggio che immette in un luogo sicuro, che è uno spazio dove le persone possono ritenersi al sicuro dagli effetti di un incendio.

Il maniglione antipanico è installato esclusivamente su quelle porte che sono state individuate nei piani emergenze e vanno manutenzionati ogni sei mesi.

Nel decreto, viene fatta chiarezza sui tipi di maniglioni da usare e sull'afflusso di persone. Di solito i maniglioni sono di due tipi, a push-bar o a leva. Sono certificati dai produttori, secondo le norme UNI e quelli nuovi sono tutti marchiati CE.

Il decreto 6 dicembre 2011 modifica quello del 3 novembre 2004, per quanto riguarda installazione e manutenzione dei dispositivi per l'apertura delle porte installate lungo le vie di esodo in caso d'incendio.

Questo decreto ha spostato, mediante proroga di 24 mesi, quindi fino al 18 febbraio 2013, il termine precedente. Ora nelle attività soggette occorre avere i dispositivi marchiati CE e non più il vecchio tipo.

Le uscite di emergenza, inoltre, devono essere apribili nel senso dell'esodo e, se chiuse, devono poter essere facilmente e immediatamente aperte da parte di qualsiasi persona che abbia bisogno di utilizzarle in caso di emergenza.

L'apertura delle porte dell'uscita di emergenza nel verso dell'esodo non è richiesta quando può determinare un pericolo per il passaggio di mezzi o altro, fatta salva l'adozione di ulteriori accorgimenti adeguati e specificatamente autorizzati dal Comando Provinciale dei Vigili del Fuoco.

Ad esempio, non si possono mettere lucchetti alle porte e non si possono chiudere a chiave. Esistono, anzi, serrature speciali che permettono di chiudere la porta dall'esterno, ma che comunque dall'interno permettono di aprirla eventualmente anche con tessera magnetica.

Questi due decreti e la norma UNI 11473 danno chiare indicazioni e, insieme al 10 marzo '98 e al decreto 81, rendono obbligatoria la manutenzione semestrale ai maniglioni antipanico installati lungo le vie di esodo.

Le norme costruttive sono la UNI EN 179 e la UNI EN 1125. La prima riguarda il maniglione a leva o piastra a spinta, da usare lungo le vie di fuga, definendone requisiti e metodi di prova.

La seconda riguarda, invece, dispositivi per uscita antipanico azionati da barra orizzontale o per l'utilizzo sulle vie di esodo. Queste sono norme che utilizzano i costruttori.

Il 10 marzo '98 riporta anche che *il datore di lavoro o la persona addetta deve assicurarsi, all'inizio della giornata lavorativa, che le porte in corrispondenza dell'uscita di emergenza di piano e quelle da utilizzare lungo le vie di esodo non siano chiuse a chiave o, nel caso siano provviste di accorgimenti antintrusione, devono poter essere aperte facilmente dall'interno senza l'uso di chiavi. Tutte le porte delle uscite che devono essere tenute chiuse durante l'orario di lavoro e per le quali è obbligatoria l'apertura nel verso dell'esodo devono aprirsi semplicemente a spinta dall'interno; nel caso siano adottati accorgimenti antintrusione si può prevedere idonei sicuri sistemi di apertura delle porte alternativi a quelli previsti nel presente punto. In tale circostanza, tutti i lavoratori ovviamente devono essere formati e a conoscenza di questa tipologia di meccanismo, per poterlo usare in caso di emergenza.*

Le uscite di emergenza rappresentano un altro tassello importante per la manutenzione antincendio, ma spesso non vengono controllate da nessuno.

Ricordati che il loro mancato funzionamento può mettere a rischio molte vite e te stesso in prima persona, come responsabile della sicurezza.

10

La manutenzione degli impianti automatici di rivelazione incendi

Questo tipo d'impianto è senza dubbio uno dei più strategici e importanti ai fini della gestione della sicurezza antincendio nella tua azienda.

Il suo principale scopo è quello di rilevare, attraverso dei sensori, un principio d'incendio nella maniera più precoce possibile.

L'impianto è costituito essenzialmente da un insieme di componenti elettronici, di cavi di collegamento e di dispositivi di segnalazione ottici-acustici.

Negli ultimi anni, questo tipo di impianto ha visto un impiego sempre più ampio nella prevenzione incendi e, di conseguenza, anche uno sviluppo tecnologico molto intenso.

Con l'evoluzione tecnologica, questi impianti sono diventati molto più affidabili di un tempo, limitando i falsi allarmi. Al contempo, l'avvento della tecnologia digitale ha permesso una maggiore personalizzazione degli impianti, in base ai casi specifici che il progettista si trova ad affrontare. Attraverso la programmazione da PC, puoi personalizzare la logica di intervento del tuo impianto.

Come ho detto prima, quindi, il primo e maggior vantaggio che questo tipo di impianto offre è la capacità di rilevare un incendio nelle sue prima fasi di sviluppo e questo permette ovviamente di ridurre i danni alle cose e alle persone, poiché posso intervenire in una maniera più tempestiva.

Il secondo vantaggio di questo tipo di sistema è la sua capacità di interfacciarsi con altri impianti, in questo modo hai la possibilità comandarli con logiche di funzionamento prestabilite.

Lo abbiamo già visto nel capitolo delle porte REI, dove in caso di allarme antincendio si attiva lo sgancio di porte e portoni scorrevoli.

La possibilità di avere un sistema che si interfacci con altri dispositivi di protezione antincendio è molto importante, infatti, rilevando precocemente un incendio consente di attivare un impianto di spegnimento a gas (o altri tipi di impianto), il quale a sua volta, in modo totalmente autonomo, agisce sulla fiamma spegnendo l'incendio col minimo dei danni possibili.

Gli impianti di rivelazione fumi, proprio per questi vantaggi, hanno grande impiego nell'industria ma anche nel reparto ristorazione e nel campo alberghiero, nei centri commerciali, nelle strutture sanitarie, negli enti pubblici.

Rivelazione fumi installato
Fonte: notifier.com

A livello di prevenzione incendi, questi impianti rivestono un'importanza fondamentale anche per l'ottenimento dell'autorizzazione con i Vigili del Fuoco.

Il progettista deve eseguire un'accurata progettazione del sistema in generale, ma più nello specifico deve scegliere i sensori corretti da utilizzare. Se per esempio (come spesso succede) si installassero sensori di fumo in una cucina di un ristorante, il risultato sarebbe solo quello di avere una moltitudine di falsi allarmi.

Le tecnologie sono molteplici, perché ogni tipo di incendio ha delle caratteristiche specifiche con cui si propaga nell'ambiente.

Con un incendio di tipo covante (se per esempio sotto pavimento ci sono dei cavi elettrici che passano in fasci) non è facile per un operatore individuarlo in maniera precoce, in quanto il fumo tenderà a rimanere nel sottopavimento nelle fasi inziali dell'incendio.

In questo caso, la cosa corretta da fare è installare dei sensori sottopavimento.

All'interno di una sala server, invece, ci sono dei sistemi a campionamento, che aspirano l'aria all'interno dei rack server per campionarla. Questo sistema offre il miglior tempo di rivelazione possibile, il fumo viene intercettato direttamente dentro il rack. Come ti ho già detto, prima si rileva l'incendio, minori sono i danni.

L'impianto è costituito dalla centrale di rivelazione, che è il cervello del sistema, e dagli elementi sensibili. Attraverso un cavo antincendio certificato per le connessioni o attraverso Wi-Fi, dove possibile secondo la normativa, si genera un segnale di allarme.

Quando l'elemento sensibile (quei funghetti bianchi sul soffitto) rileva, a seconda della sua tecnologia, un principio d'incendio, l'allarme va dal sensore alla centrale, la quale si attiva.

A seguito della sua attivazione, si può decidere di far suonare una sirena, delle targhe ottico-acustiche, attivare un impianto di spegnimento oppure aprire degli evacuatori.

Può essere interessante per te gestire una chiamata di allarme tramite un combinatore telefonico GSM. Inoltre, si può ripetere

#10

il segnale in un'altra sotto centrale o in un quadro di comando; si può attivare un altro impianto, come ad esempio un impianto sprinkler, uno a gas o un impianto aerosol, se uno o più sensori danno il consenso nella stessa zona.

Posso decidere che una determinata azione venga fatta se e solo se più di un sensore va in allarme nella stessa zona, questo per limitare eventuali attivazioni involontarie di impianti.

La centrale antincendio sovraintende a tutte queste operazioni logistiche in maniera sostanzialmente automatica, ma solo se ben progettata e programmata.

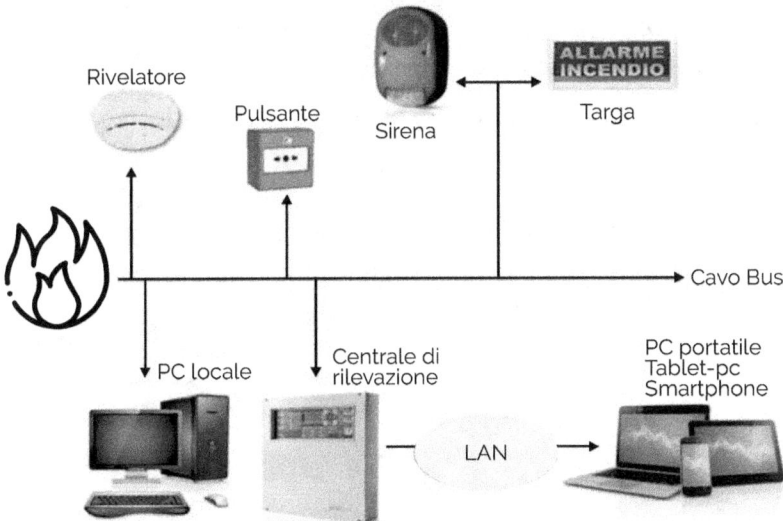

Schema impianto rivelazione fumi
Immagine ricostruita dalla fonte: gemasystem.it

Per esempio, potrei collegare un impianto schiuma a protezione di un silos di carburante alla centrale antincendio di rivelazione. Cosa succede se l'impianto schiuma si attiva a causa di un falso allarme? Te lo dico subito: devi buttare via migliaia di litri di carburante, senza nessun motivo.
Sono convinto che il tuo posto di lavoro potrebbe essere a serio rischio!

Adesso iniziamo con la parte più noiosa, ma su cui è importante essere informati. Le norme di riferimento sono la UNI 9795, la UNI 11224, per la parte di manutenzione e le norme della serie EN 54, per quanto riguarda i prodotti.

Come abbiamo già detto, in questo campo tutto è gestito dalle norme, quindi tutti i prodotti sono certificati secondo norme e le serie EN 54, che regolamentano i criteri costruttivi che il produttore deve seguire nella costruzione dei prodotti.

Inoltre, abbiamo il decreto ministeriale 10 marzo '98 e la direttiva europea 89/106.

Per quanto riguarda i cavi elettrici resistenti al fuoco e non propaganti la fiamma, il riferimento è la CEI 20-105; per quanto riguarda i cavi isolati con mescola elastomerica resistenti al fuoco, invece la norma di riferimento è CEI 20-45.

Ti riporto anche la UNI 72-40 per la progettazione, installazione, messa in servizio manutenzione e messa in esercizio dei sistemi di allarme vocale per scopi di emergenza.

Un impianto rivelazione fumi può anche sovraintendere a un messaggio di emergenza.

Tali impianti sono diventati obbligatori per alcune tipologie di attività, per esempio in una struttura ricettiva ci dev'essere un sistema di gestione delle emergenze tramite messaggi vocali propagati tramite altoparlanti.

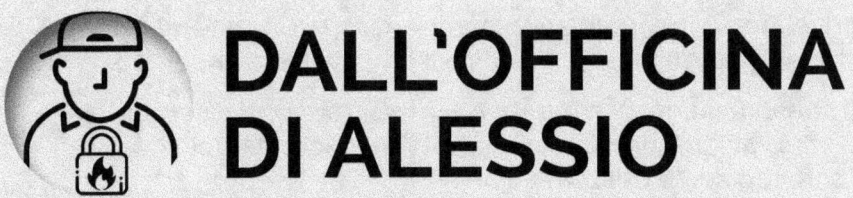

DALL'OFFICINA DI ALESSIO

L'esperienza del manutentore, anche in questo caso, fa la differenza. È vero che ci sono le normative da seguire, però il manutentore può apportare un valore aggiunto, portando l'ottica di manutenzione e vita dell'impianto sul lungo periodo.

Mi è capitato spesso di collaborare con progettisti antincendio per l'elaborazione di progetti esecutivi. Con il prezioso aiuto del costruttore, ho potuto dare un sostegno tecnico al progettista, perché so molto bene come convive un impianto di rivelazione fumi con l'ambiente nel tempo. Inoltre, le tecnologie si evolvono velocemente e i progettisti si trovano spesso a non essere aggiornati sulle ultimissime novità.

I rivelatori d'incendio sono componenti di un sistema di rivelazione: gli elementi sensibili che rivelano l'incendio.

Il sensore viene interrogato dalla centrale costantemente a intervalli frequenti, e tale sensore a seconda del tipo di tecnologia che utilizza, dà un segnale alla centrale.

Le tecnologie di rivelazione possono essere di vario tipo:

- Rivelatori puntiformi di fumo
- Rivelatori puntiformi termici - termovelocimetrici
- Rivelatori di fiamma
- Rivelatori ottico lineari
- Sistemi ad aspirazione
- Rivelatori per condotte
- Rivelatori di gas
- Rivelatori a sicurezza intrinseca
- Rivelatori di tipo wireless

Il sistema via radio è una tecnologia piuttosto recente, che ha fatto la sua comparsa nelle ultime normative. Questo tipo di impianto è costituito da un insieme di sensori, pulsanti, gateway e da una centrale antincendio.

Al posto della connessione fisica col filo certificato come avviene per gli impianti standard, in questo caso avremo la centrale antincendio che comunica con dei gateway e poi, attraverso essi, con i sensori.

Adesso anche questo tipo di connessione è certificata ed accettata dai Comandi Provinciali dei Vigili del Fuoco, ma "non è tutto oro quello che luccica".

I dispositivi hanno costi superiori a quelli standard. Occorre fare un'analisi dettagliata della trasmissione del segnale nell'ambiente da proteggere, inoltre non bisogna sottovalutare il costo che comporta la sostituzione delle batterie.

Solitamente, questi impianti si usano dove il passaggio delle canalizzazioni è impossibile oppure sconsigliato, per esempio in edifici storici con presenza di affreschi e architettura storica di pregio.

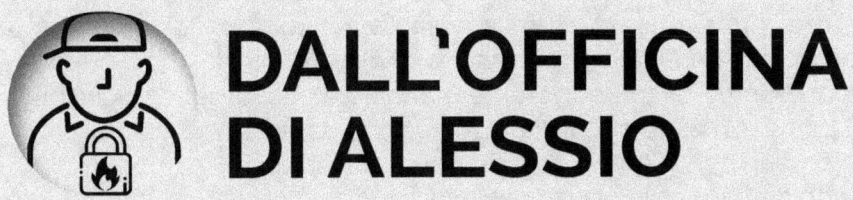

DALL'OFFICINA DI ALESSIO

Da parte del cliente, c'è sempre l'idea che il wireless possa essere la panacea di tutti mali. Così spesso mi sento dire: "Mettiamo un sensore dai, tanto con due tasselli si mette, non vedo i cavi, si fa prima e costa meno". È un classico...Ma non è così semplice purtroppo. Per prima cosa, come ti ho detto, i sensori costano di più rispetto a quelli standard, poi ci possono essere problemi per la ricezione del segnale e vanno fatti dei test, specialmente con edifici storici con le pareti molto spesse.

Quindi, se necessario, occorre installare uno o più ripetitori aggiuntivi, con evidente aumento dei costi.

Alla fine, il costo maggiore dei dispositivi va ad assorbire il mancato cablaggio degli stessi. In numerosi casi, il costo di un impianto wireless è di molto superiore a uno standard.

Inoltre, ai sensori si scaricano le batterie, perciò vanno monitorate e sostituite di frequente, con ulteriori costi di gestione aggiuntivi.

Infine, il sistema cablato via filo è assolutamente più sicuro, perché ha una connessione stabile e sempre attiva.

L'impianto rivelazione fumi è organizzato in loop, dentro ognuno dei quali sono installati una serie di dispositivi. Ma cos'è questo loop? Cerco di spiegartelo nella maniera più semplice possibile: il loop è un cavo che fisicamente parte dalla centrale e poi ritorna in centrale, nel suo percorso si installano i dispositivi, mediante un sistema di "entra/esce".

Le normative tecniche definiscono le caratteristiche tecniche e i limiti dimensionali di questi loop.

La centrale monitora costantemente i punti installati sul loop e, in base alla risposta del sensore, potremo avere diverse segnalazioni:

- sensore ok
- sensore guasto
- sensore sporco
- sensore rimosso

A seconda della tecnologia, convenzionale o digitale, la logica di segnalazione cambia sostanzialmente. Ad esempio, in caso di impianto convenzionale, la centrale può comunicare che la zona 1, dove magari hai otto sensori, è in allarme. Avrai, quindi, la segnalazione di allarme/guasto della zona ma non del singolo sensore. Questo rende più difficile ovviamente capire quale sensore sia realmente guasto.

I sensori convenzionali sono usati per gli impianti più piccoli, a causa del costo più contenuto. Per esempio, in una piccola centrale elettrica o in un piccolo magazzino dove ci sono 10-15 sensori, posso usare questa tecnologia, perché non ci sono grossi problemi di individuazione.

Se la centrale segnala la zona 1 in allarme, ovviamente basta controllare il sensore col puntino rosso, i sensori sono tutti lì, non è che devi girare molto.

Se però bisogna iniziare a monitorare i sensori all'interno di 120 camere d'albergo o 1000 m² di magazzino con controsoffitti, con sensori chiusi in locali tecnici particolari, allora diventa conveniente l'utilizzo di sistemi digitali. In questo caso, saprò sempre quale sensore è in allarme o guasto, perché ogni dispositivo ha un indirizzo specifico, quindi so sempre in che zona si trova.

#10

La scelta della tecnologia costruttiva non può prescindere dall'analisi ambientale.

Gli elementi più importanti da valutare sono:
- Polvere presente in ambiente
- Atmosfera corrosiva
- Forti correnti d'aria
- Elementi montati all'esterno
- Presenza di zone ATEX
- Presenza di macchinari che producono calore localizzato
- Presenza di carriponte
- Presenza di volatili

Sono tutti ambienti che presentano delle criticità e che il progettista, coadiuvato dal manutentore antincendio, dovrà valutare già in fase di progettazione, perché non c'è niente di peggio di un impianto di rivelazione fumi che va continuamente in falso allarme o che suona sempre per un guasto. Prima di tutto, crea dei grossissimi disagi perché è molto impattante per l'ambiente di lavoro. Pensiamo a un albergo in estate pieno di ospiti e ad un certo punto suona l'allarme generale. Immaginate che accada a mezzanotte o alle due di notte, mentre nella struttura centinaia di ospiti dormono indisturbati. Ecco, all'improvviso l'impianto si attiva e suona l'allarme incendio, così tutti gli ospiti vengono svegliati in piena notte, e nel panico si riversano fuori dall'albergo. Un evento del genere è una sciagura per la struttura. Potete già immaginare le centinaia di recensioni negative dei malcapitati ospiti…

Dopo un'attenta progettazione, bisogna poi scegliere i materiali da installare ed è sempre meglio scegliere materiali che non siano economici e scadenti, bisogna puntare all'ottima qualità.

Non è molto intelligente risparmiare sulla sicurezza antincendio, non lo è mai. In questo caso, inoltre, abbiamo un impianto responsivo che in caso di bassa qualità di materiali ti darà grossi problemi nel tempo, come ad esempio false segnalazioni acustiche e visive, guasti ripetuti nel tempo, in generale una scarsa affidabilità, l'esatto contrario di quello che ti occorre.

Per i controlli di manutenzione, possiamo fare il discorso comune un po' a tutti i tipi di impianti antincendio. Anche in questo caso, quindi, si parte dalla presa in carico, poi c'è la sorveglianza, il controllo periodico e la manutenzione ordinaria e straordinaria.

A seguito del controllo, vanno sempre compilate le schede check-list di manutenzione e registrate nel registro dei controlli, come da consuetudine.

Una cosa molto importante che spesso viene tralasciata con questo tipo di impianto è il concetto di sorveglianza e gestione da parte del cliente.

In questo tipo di impianti, la manutenzione è semestrale ma tra un semestre e l'altro ci possono essere svariati interventi di ripristino e una sorveglianza continua da parte del datore di lavoro o di un suo delegato è fondamentale, in quanto questo tipo di impianti necessita sia della sorveglianza che della capacità di gestire la centrale antincendio e le notifiche che propone.

È impossibile gestire in tempo reale gli allarmi, quindi occorre avere una persona interna debitamente formata alla gestione della centrale, che si interfacci col manutentore per eventuali anomalie.

È, quindi, fondamentale che il personale sia addestrato dal manutentore antincendio all'uso e alla gestione della centralina, perché non è possibile che il manutentore antincendio sia chiamato per ogni semplice falso allarme (e purtroppo capita) o anche solo per il reset della centralina. L'utente dev'essere addestrato a fare operazioni minime di acquisizione, verifica incendio potenziale e ripristino della centrale.

La manutenzione

La manutenzione prevede un test reale di dispositivi e una serie di verifiche sui controlli. Nei primi sei anni, si fa un controllo del 25% dei dispositivi. Dopo si passa a un controllo del 50% ogni sei mesi. Passati poi i 12 anni dell'impianto, occorre fare una verifica generale del sistema. Questa è una novità introdotta con l'ultima versione del 2019. Al 12° anno di età, si deve scegliere fra tre opzioni: revisione in fabbrica, sostituzione o esecuzione di prova reale secondo la UNI 9795 del TR 11694.

La revisione in fabbrica si fa dopo 12 anni sul primo sesto dei rivelatori e il controllo sul 50% dei restanti entro il primo anno;

entro il secondo anno si fa la revisione sul secondo sesto del totale dei rivelatori e il controllo periodico sul restante. Lo stesso al terzo anno, al quarto, al quinto e al sesto. In definitiva, quindi, al sesto anno si è sostanzialmente completata la revisione dell'impianto. Così al 12° anno di età si è fatto in sei anni questo tipo di revisione globale dei sensori.

Per esempio, se hai un impianto con rivelatori posti in una palazzina A e una palazzina B, la prima con consegna formale nel 2006, la seconda con consegna formale nel 2011, cosa bisogna fare?

Per quanto riguarda i primi sei anni di vita, avrò il controllo del 25%; una volta passati sei anni vado a fare il controllo periodico della metà e una volta passati 12 anni vado a fare la verifica generale del sistema per intero, che comporta la revisione di un sesto rivelatore in sei anni e il test del restante 50%.

Può anche succedere che durante la fase di revisione non siano più reperibili i ricambi. Questo è un problema che va gestito, perché se non sono reperibili in nessun modo, l'impianto dovrà essere dichiarato fuori uso e sostituito completamente.

11 ↻

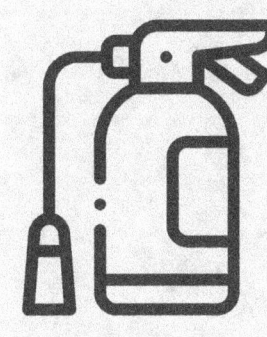

La manutenzione degli impianti a estinguente gassoso

Questa tipologia di impianti antincendio è utilizzata in alcuni tipi di ambienti che, per la delicatezza delle attrezzature al loro interno, oppure per esempio per la preziosità dei contenuti, necessitano di un particolare agente estinguente diverso dall'acqua.

Ovviamente, se per esempio si parla di un locale server oppure di un locale archivio, l'acqua farebbe tanti danni quanto un incendio.

Un impianto di spegnimento a gas, anche se può cambiare la tipologia di gas utilizzato, prevede uno schema piuttosto standardizzato. È costituito, infatti, da uno o più batterie di bombole ad alta pressione, fra 200 - 300 bar, con capacità fra gli 80 e 140 L.

Grazie all'alta pressione di stoccaggio, si possono posizionare le bombole anche a notevole distanza dalle aree da proteggere e coprire volumi ambientali importanti con la stessa batteria di bombole, mediante un adeguato calcolo delle tubazioni di distribuzione.

Ma come funziona tutto il meccanismo? L'impianto a gas è collegato con l'impianto di rivelazione fumi del quale ti ho parlato nel capitolo precedente.

Un principio d'incendio farà ricevere alla centrale antincendio un segnale di allarme.

In base alla programmazione e alla logica di funzionamento impostata, la centrale manderà un segnale di allarme alla centrale di spegnimento (un'altra centrale adibita solo alla gestione dello spegnimento).

Se non viene inibito il processo manualmente, dopo un tempo prestabilito la centrale di spegnimento attiverà il magnete della bombola pilota, la quale inizierà il rilascio del gas nell'ambiente. Inoltre, attraverso una valvola speciale posizionata sulla bombola pilota, si azioneranno automaticamente tutte le altre bombole.

Il gas estinguente viene scaricato all'interno del locale protetto, mediante una rete di distribuzione con tubi in acciaio unificati.

Il sistema deve garantire una saturazione ambientale per almeno 10 minuti dopo la scarica, per essere efficace ed evitare il riaccendersi di focolai dopo la scarica.

Quali tipi di gas vengono utilizzati di più?

A livello tecnologico, le aziende fanno a gara per sviluppare l'agente estinguente migliore degli altri, quindi vengono spesso presentati sul mercato nuovi prodotti.

Di seguito ti fornisco alcuni esempi.

Sistemi a gas inerti

Sono gas già presenti nell'aria che respiriamo tutti i giorni, come azoto e argon che sono quelli maggiormente utilizzati anche in miscela.

Motivi per preferirli

- Impatto ambientale assente;
- Visibilità perfetta dopo la scarica;
- Costo basso del gas;
- Non servono canali per il lavaggio dell'aria nei locali protetti.

Sistemi a gas chimici

Questo tipo di estinguente è utilizzato nei casi in cui siano richiesti tempi di intervento molto rapidi.

Gli HFC (125 - 227ea) sono idrofluorocarburi compressi e liquefatti che garantiscono tempestività d'intervento dove gli spazi di stoccaggio e la sicurezza sono fattori molto critici.

Motivi per preferirli

- Estinzione rapida (10 secondi);
- Stoccaggio bombole ridotto;
- Non necessitano della posa di serrande di sovrapressione.

Sistemi a CO_2

L'anidride carbonica è un gas che viene utilizzato da molto tempo nel settore antincendio, anche negli estintori portatili.

Si tratta di un gas inodore, incolore e non conduttivo.

Quando entra in contatto con la fiamma, non genera sostanze di decomposizione dannose per la salute, disperdendosi nell'atmosfera dopo l'uso.

Grazie al peso specifico elevato, dopo l'erogazione tende a stratificare nella parte bassa del locale protetto, con diminuzione di visibilità.

Questo tipo di gas agisce molto velocemente, riesce letteralmente a spegnere un incendio in pochi secondi, con notevole riduzione dei danni. Purtroppo, però, la concentrazione di gas CO_2 che è necessaria per l'estinzione delle fiamme è tale da non permettere la sopravvivenza di persone nell'ambiente. Questo ne limita di molto i campi di applicazione.

Motivi per preferirli

- Estinzione rapida (5/10 secondi);
- Stoccaggio bombole ridotto a causa dell'elevato potere di saturazione;
- Basso costo del gas;
- Riduzione dei danni da incendio.

È molto importante, dopo l'installazione del sistema, che il volume protetto non cambi.

Durante i calcoli di progettazione, infatti, è stimato il quantitativo corretto da installare per la saturazione corretta.

Modifiche sostanziali ai volumi di ambiente potrebbero rendere il tuo impianto totalmente inefficace o pericoloso per la vita delle persone.

A tal proposito, ti riporto un articolo del giornale *La Repubblica* che purtroppo ha visto come protagonisti dei lavoratori che hanno perso la vita durante la scarica di un impianto antincendio a gas, installato in un archivio comunale.

L'allarme intorno alle otto. La procura ha aperto un'inchiesta e disposto il sequestro dell'edificio. Il ministro Bonisoli: "Disposta subito ispezione". L'impianto anti incendio era stato revisionato da poco.

Due persone sono morte a causa di una fuga di gas in un locale dell'Archivio di Stato di Arezzo. Piero Bruni, 59 anni, e Filippo Bagni, 55, entrambi aretini, erano dipendenti dell'ente. Un terzo impiegato è rimasto intossicato: l'uomo, 57 anni, di Bucine, è stato trasferito in codice giallo all'ospedale San Donato di Arezzo dove è ricoverato ma non sarebbe in pericolo di vita.

Tutto è iniziato intorno alle otto, all'ora di ingresso dei dipendenti, quando nella sede dell'Archivio in piazza del Commissario è scattato l'allarme dell'impianto anti incendio. I due impiegati sono scesi nel seminterrato dove si trova la centralina. Qui sarebbe avvenuta la fuoriuscita di gas argon che ha saturato lo spazio privandolo di ossigeno. E causando il soffocamento dei due, caduti a terra esanimi. I colleghi, insospettiti dal mancato rientro in ufficio, sono andati a cercarli. Sarebbe stato il centralinista ad avvisare un altro collega che è sceso di sotto e ha trovato i due uomini distesi sul pavimento.

Fonte: https://firenze.repubblica.it/cronaca/2018/09/20/foto/arezzo_archivio_di_stato-206932314/1/#1

Le due persone, scese per verificare cosa avesse fatto scattare l'allarme, "si sono trovate in un ambiente saturo di argon rimanendo intossicati: il gas non provoca scoppi ma brucia l'ossigeno", ha confermato il dirigente dei Vigili del Fuoco di Arezzo, Roberto Tommasini. I Vigili del Fuoco, appena arrivati sul posto, hanno subito transennato la zona, evacuando il palazzo e invitando tutti i residenti a tenere le finestre aperte per evitare che nei locali si accumulasse il gas. L'intero centro storico, a due passi dall'Archivio di Stato, dove ci sono le sedi della biblioteca, del comune, della provincia e l'antica Piazza Grande, è stato messo in allarme per alcune ore.

Impiegati morti all'archivio di Stato di Arezzo, il direttore: "Revisioniamo impianto anti incendio continuamente"

Sul posto anche polizia, carabinieri, vigili urbani e la p.m. Laura Taddei, che ha effettuato un sopralluogo. In queste ore, intanto, è emerso che l'impianto antincendio era stato revisionato alcune settimane fa."

La norma di riferimento per la progettazione dell'impianto antincendio fisso a gas inerti è la UNI 15004/1, valida anche per installazione e manutenzione.

#11

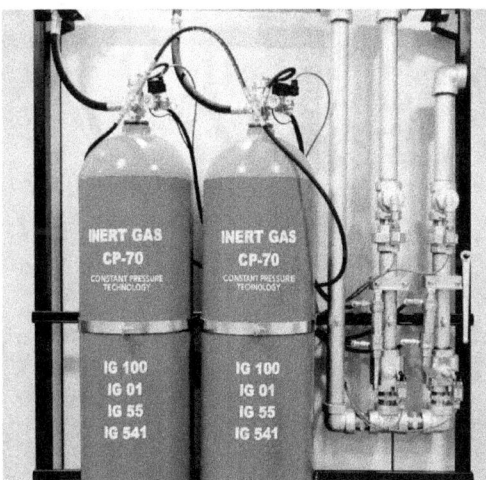

Impianto antincendio a gas
Fonte: bettatiantincendio.com

Una differenza sostanziale rispetto agli altri impianti antincendio è che lo spegnimento è certificato.

Cosa significa? Vuol dire che l'impianto, se ben progettato e manutenzionato, è capace di spegnere sempre l'incendio, in modo autonomo.

Parte di questo processo deriva dalla capacità di saturare l'ambiente protetto. Per certificare l'esatta quantità di gas necessario, occorre effettuare il door fan test.

Questo test è obbligatorio e va eseguito in accordo con la norma UNI EN15004:2008. Eseguito in cantiere in reale, serve a garantire la tenuta dei locali protetti da sistemi di spegnimento a gas. In questo modo, c'è la sicurezza, se nulla cambia, che in caso d'intervento dell'impianto, il gas calcolato dal progettista, necessario per la saturazione dell'ambiente da proteggere, non sia disperso da eventuali aperture. In questo modo, la concentrazione prevista in fase di calcolo sarà sufficiente per poter soffocare l'eventuale incendio.

Durante il test, un programma calcola anche eventuali necessità di installazione di serrande di sovrappressione. Se infatti il locale è ermetico, si possono creare pericolose sovrappressioni, evitabili con apposite serrande che si aprono.

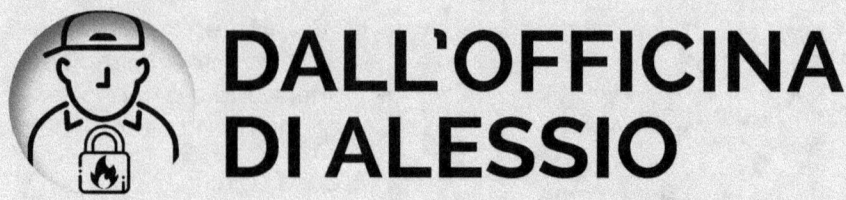

DALL'OFFICINA DI ALESSIO

Questo impianto è abbastanza costoso, ma ha uno spegnimento certificato, quindi hai la certezza che l'incendio venga spento.

Molto spesso, si vedono le bobine di attivazione staccate per paura di un'eventuale scarica non necessaria.

Questo è un impianto che lavora in sincronia totale con la rivelazione fumi e a volte succede che il sistema si scarichi, magari anche per un falso allarme di un sensore.

Di conseguenza, la committenza non si fida più, anche perché il ripristino è costoso e isola l'impianto dalla partenza automatica.

Questo rende inutile l'intero impianto, che non si attiverà in caso d'incendio.

A questo punto ti do due consigli.

Innanzitutto, è bene che sempre lo stesso manutentore lavori sui due impianti, in modo da accertarsi della corretta logica di funzionamento e attivazione della carica.

Bisogna progettare gli impianti non solo secondo le norme ma anche in un'ottica di longevità, scegliendo materiali di alta qualità e ragionando bene sul posizionamento dei sensori.

Un'altra operazione da fare è mettere un doppio consenso sui sensori: al primo la centrale va in preallarme, al secondo va in allarme e solo dopo un po' scatta l'attivazione dell'impianto a gas, comunque fermabile col pulsante di inibizione.

In questo modo, l'operatore ha tempo di andare a verificare e resettare in caso di falso allarme, indagando poi sulle ragioni che l'hanno scaturito, per evitare che si ripresenti.

Una volta fatto questo test, con il software viene fatto il calcolo del gas necessario, di tutta la parte di distribuzione e delle perdite di carico per poter scaricare il gas nell'ambiente in un minuto.

Ovviamente, fuori dal locale ci sono anche dei pulsanti sia per attivare manualmente la scarica ma anche per inibirla, perché in caso di doppio falso allarme dei sensori, oppure di altri tipi di inconveniente durante il countdown, può essere inibita la scarica.

Per i limiti di concentrazione ed esposizione delle persone al gas inerte, si applica quanto stabilito negli Stati Uniti dall'EPA (USA Environmental Protection Agency): in caso di aree normalmente occupate, non si può scendere sotto il 12% di ossigeno, per oltre cinque minuti; per aree normalmente non occupate si può scendere fra l'8 e il 10% per un periodo tra 3 minuti e 30 secondi.

Le normative di riferimento sono la UNI 11280, la UNI 15004, la UNI 12094 e la ISO 14520.

Le imprese e le persone che effettuano lavorazioni su questo tipo d'impianti devono essere in possesso di una certificazione, rilasciata da un organismo designato dal Ministero dell'Ambiente. Accertati che il tuo manutentore sia in possesso di queste abilitazioni.

Questi sistemi usano anche gas fluororati, detti anche F-Gas, responsabili dell'effetto serra.

Poiché sono gas particolari e dannosi per l'ambiente, chi li maneggia, che si tratti di aziende o di personale, deve avere un'apposita certificazione.

Le aziende che fanno la manutenzione a un sistema a gas devono essere iscritte al registro F-Gas e attenersi alle norme del decreto 146 del 16 novembre 2018.

I manutentori che effettuano manutenzione su questi impianti si devono iscrivere al registro e comunicare i dati relativi alle vendite, alla gestione e alla manutenzione.

Piano di manutenzione

Anche in questo caso, abbiamo il solito schema del controllo iniziale, sorveglianza, manutenzione semestrale ordinaria e straordinaria.

Il controllo periodico è semestrale, con la compilazione del registro antincendio.

La sorveglianza dev'essere fatta dal personale interno, eseguendo la verifica dei valori di pressione indicati dai manometri oppure dalle bilance, se c'è un sistema di pesatura automatico.

Se questi dispositivi sono di tipo elettrico o elettronico, occorre verificare l'assenza di guasti o anomalie. Bisogna, inoltre, verificare i cartellini di manutenzione e l'integrità in generale di etichette, dispositivi di sicurezza. Bisogna verificare che non vi siano danneggiamenti o anomalie, corrosione di tubazioni che si stacchino o sostegni che non siano più stabili.

Al termine del libro ti darò la possibilità di scaricare la check-list di controllo. In questo modo, sarai in grado di procedere a tutti i controlli necessari in piena autonomia. Mi raccomando, leggi fino in fondo e ti spiegherò come ottenerla.

Durante la manutenzione semestrale, dev'essere testato l'impianto rivelazione fumi all'unisono con l'impianto di estinzione, con verifica del locale protetto e della sua integrità secondo la norma 11280; vanno verificate le serrande, la rete di distribuzione, lo stato generale degli ugelli erogatori e in tutto questo dev'essere compresa la prova in bianco dell'impianto. Dev'essere poi tutto certificato all'interno delle check-list e messo a verbale nel registro antincendio.

Ogni 10 anni occorre infine fare la revisione programmata di tutto l'impianto secondo le normative.

12 ♂

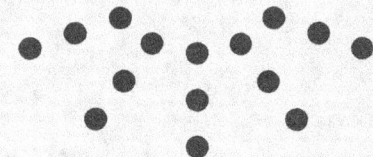

La manutenzione degli impianti di protezione antincendio water mist

#12

Un impianto water mist utilizza l'acqua, l'elemento più elementare e diffuso come agente estinguente.

Come per gli impianti sprinkler, esiste una serie di testine che erogano acqua in caso di incendio, ma con una differenza sostanziale, l'acqua esce nebulizzata e non in gocciole. Nel corso del capitolo, cercherò di farti capire i principi di funzionamento e la manutenzione che occorre fare a questi impianti, tenendo conto che ad oggi non sono molto diffusi, perciò non mi dilungherò troppo.

I principali vantaggi di questa tipologia di impianto sono:

- basso consumo d'acqua;
- tubazioni di diametro ridotto;
- rapidità di installazione;
- adatti in ambienti con poco spazio per le riserve d'acqua.

Le normative di riferimento sono: la UNI CEN TS 14972 e la NFPA 750.

Water Mist
Fonte: firepromaroc.com

Questi impianti sono classificati in base alle pressioni di esercizio. Per installazioni ad alta pressione, si parla di 80/100 bar, mentre per quelle a bassa pressione, si parla di pressioni fino a 15 bar.

L'impianto essenzialmente è costituito da un gruppo di pressurizzazione o da bombole in pressione, una linea di distribuzione e ugelli erogatori.

La particolarità fondamentale di questo tipo di impianto è che l'acqua viene erogata da ugelli con getto nebulizzato.

Le testine hanno un elemento termosensibile, come negli sprinkler, e sotto questo aspetto come ti ho detto prima, non cambia nulla, ma il getto crea un effetto nebulizzazione, una sorta di nebbia (mist), come quella emessa dalla *Vaporella*, per capirsi.

Mentre lo sprinkler ha uno spegnimento a gocce corpose di dimensioni più grandi, il water mist usa micro gocce.

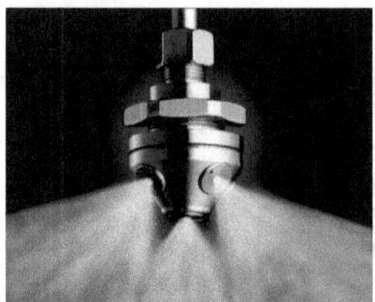

Dettaglio Water Mist
Fonte: italsicurezza.it

L'acqua erogata in gocce di pochi micron accelera il processo di raffreddamento sulla fiamma e in pratica satura l'ambiente raffreddando e abbassando il livello di ossigeno.

Perché la nebbiolina che si crea è molto idonea a raffreddare l'incendio in velocità? Perché satura?

Perché l'acqua, così microscopica, va a sostituirsi all'ossigeno, che altrimenti alimenterebbe la combustione.

Le tubazioni sono piccole proprio perché le pressioni sono alte, per permettere la nebulizzazione.

Il raffreddamento dell'ambiente avviene grazie alla creazione di una superficie di reazione maggiore, cioè mi spiego meglio, essendo più piccole le goccioline, sono ovviamente più numerose ed essendo più numerose ci sarà una superficie più grande. È esattamente attraverso questa superficie che passa lo scambio termico, con il quale viene assorbito il calore prodotto dal fuoco, poiché l'acqua è il mezzo di estinzione con la maggior capacità di assorbimento di calore che si conosca e agisce un po' come una spugna. Per questo motivo, gli impianti water mist sono estremamente efficaci in questo.

Il secondo effetto durante lo spegnimento è l'inertizzazione. Con l'evaporazione, l'acqua aumenta il suo volume di 1640 volte, questo genera una rarefazione dell'ossigeno nell'ambiente, un po' come succede per gli impianti a gas inerte. Inoltre, lo spegnimento delle fiamme avviene anche eliminando il suo carburante, l'ossigeno.

Poiché l'evaporazione di acqua è perlopiù localizzata vicino alle fiamme, non avviene il trasporto dell'agente estinguente verso l'esterno, ma anzi si ottiene una consistente riduzione di ossigeno intorno alla fiamma, cioè proprio dove occorre.

Il terzo effetto è costituito dalla separazione. Tutte queste goccioline che si trovano nell'aria, fra le varie cose, riducono la trasmissione radiante del calore, rendendo più difficile l'espansione dell'incendio verso altre zone. Le goccioline microscopiche assorbono e riflettono il calore, evitando il fatale effetto flash over (ne abbiamo già parlato), cioè il momento in cui l'incendio raggiunge temperature tali che tutti i materiali presenti raggiungono la temperatura di auto innesco, tradotto in parole povere: la fine del tuo capannone.

Questo è un aspetto cruciale. Un impianto water mist non solo spegne la fiamma riducendone l'ossigeno intorno, ma riduce anche la propagazione dell'incendio. Anche per questo serve meno acqua, proprio per l'effetto di nebulizzazione.

So che l'argomento può essere un po' noioso ma è fondamentale sapere queste cose, non solo se hai questo impianto già installato in azienda ma anche se pensi di installarlo.

Questi impianti sono molto importanti per salvaguardare la vita delle persone coinvolte in un incendio, ma anche quella dei soccorritori che giungono dopo, infatti, le temperature più basse e una minore quantità di fumo facilitano sicuramente le attività di soccorso.

Questi impianti possono essere abbinati a un sistema di rivelazione fumi e possono essere alimentati da gruppi di spinta a pistoni, azionati da motori elettrici diesel o da entrambi.

Le unità di pompaggio prendono l'acqua direttamente dalla rete idrica o da piccole riserve, perché hanno bisogno di meno acqua rispetto agli sprinkler. Questo è un grande vantaggio, specialmente dove non c'è spazio, come in archivi o edifici storici, di cui l'Italia è piena.

Esiste, inoltre, una seconda tipologia di impianto, che prevede lo stoccaggio dell'acqua in batterie di bombole pressurizzate. In quest'impianto, quando il sistema si attiva, i recipienti che contengono l'acqua vengono immediatamente pressurizzati tramite l'avviamento di altre bombole che contengono il propellente azoto, un po' come fosse un impianto a gas. A quel punto, i recipienti che contengono acqua entrano in pressione e vanno in distribuzione.

Se vogliamo fare un parallelismo con i sistemi a gas che ho descritto nell'altro capitolo, con questo tipo di impianto non c'è bisogno di apportare modifiche al locale. Non è necessario il door fan test, non va sigillato il locale, non vanno messe serrande di sovrappressione, vanno solo posate le tubazioni e il gruppo di spinta.

Nei costi, quindi, è bene tenere conto che è di più facile installazione rispetto a un impianto a gas, pur mantenendo simili vantaggi.

Questo tipo d'impianto favorisce la riduzione localizzata sulla fiamma e non in tutto l'ambiente (rimane comunque intorno al 21%) e questo lo rende non pericoloso per gli operatori, ma molto efficace con la fiamma.

Inoltre, il locale non ha bisogno di essere modificato con nessun tipo di serranda, perché non c'è sovrappressione.

Le applicazioni sono varie e spaziano dall'ambito navale a quello civile e provvedono alla protezione di vari ambienti e attrezzature: uffici, archivi, biblioteche, chiese, data center, macchinari, nell'impiantistica, cavi nei tunnel. In ogni caso, parliamo sempre di rischi bassi e ordinari.

A livello progettuale, la differenza rispetto all'impianto sprinkler risiede nell'aspetto prestazionale. Per l'impianto sprinkler è sufficiente seguire la norma progettuale UNI 12845 per raggiungere il risultato desiderato, invece per l'impianto water mist le cose cambiano. Occorre, infatti, conoscere e valutare le prestazioni dimostrate dall'impianto dallo specifico produttore per quella installazione.

Ogni produttore, infatti, ha un proprio impianto specifico con ugelli diversi. Occorre, quindi, fare una progettazione ad hoc per ogni installazione.

Può anche succedere che vari produttori abbiano effettuato con un ente terzo le prove in reale oppure che per una data applicazione specifica ci sia un solo produttore che ha effettivamente testato il proprio impianto.

Questa è una delle limitazioni più rilevanti nel sistema, oltre ai costi. Il produttore deve provare tutto insieme, tubazioni e pompe accessorie, per lo meno per gli impianti ad alta pressione.

Esistono norme di riferimento che definiscono i protocolli di prova, procedure di prova standardizzate, per parcheggi di auto, uffici, scuole, camere di albergo e altri.

Come tutti i sistemi proprietari, i produttori sono un po' contrari a fornire informazioni dettagliate sui propri prodotti e questo ha contribuito in modo negativo alla diffusione degli impianti water mist, che sono in effetti un po' particolari.

Quindi per i progettisti è importante conoscere i protocolli di prova, scelti appunto dal produttore, conoscere i Fire Test condotti e saperli anche valutare. Ovviamente, poiché il progettista assevera e firma il progetto, deve lavorare col produttore e con il manutentore nell'ambito della progettazione.

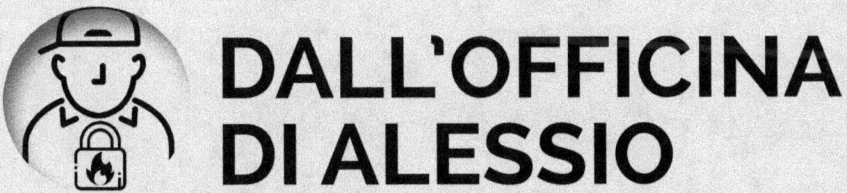

DALL'OFFICINA DI ALESSIO

I sistemi water mist hanno un ruolo importante e saranno sempre più conosciuti, diffusi e, soprattutto, testati e accettati da tutti gli attori della prevenzione incendi, a partire dai Vigili del Fuoco.

L'esperienza dell'uso su incendi reali ne confermerà l'efficacia e avranno un'ottima diffusione nel tempo, perché presentano vantaggi da sfruttare in molte situazioni.

A livello manutentivo, dev'essere fatta sempre la presa in carico dell'impianto, sia documentale che reale sul posto.

Poi si potrà procedere alla manutenzione secondo le norme tecniche di riferimento, riportate in questo caso dal manuale di uso e manutenzione del produttore del sistema, che deve anche garantire e fornire i ricambi.

13 ♂

La manutenzione degli evacuatori di fumo e calore

Il sistema di evacuatore di fumo e calore è un sistema di protezione attiva. Lo scopo di questo tipo d'impianto non è spegnere direttamente l'incendio, ma evacuare i fumi caldi per abbassare la temperatura del luogo dove sta avvenendo l'incendio, evitare il propagamento dell'incendio e permettere l'intervento dei Vigili del Fuoco e degli operatori interni. L'evacuazione dei fumi migliora la visibilità dell'ambiente, la temperatura si abbassa e questo ha come effetto indiretto una più difficile propagazione delle fiamme.

Evacuatori fumo
Fonte: tecnocupole.com

Le normative di riferimento per gli evacuatori di fumo e calore (EVAC) sono:

- UNI 9494: per progettazione e installazione di sistemi di evacuazione naturale e forzata di fumo e calore;
- UNI 12101: con le specifiche tecniche per i sistemi di evacuazione fumo e calore;
- UNI 9494.3: per la manutenzione.

Durante un incendio, si producono enormi quantità di fumo, basta guardare i numerosi filmati che si trovano in internet. La quantità di fumo che si sprigiona durante un incendio in un capannone è enorme, e devo ammettere che è uno degli elementi più sottovalutati in assoluto dai miei clienti.
Ad esempio, durante l'installazione della cartellonistica nessuno si rende conto che in caso d'incendio la visibilità è molto scarsa. Nella progettazione antincendio avanzata, invece, viene studiato con dei programmi come si muove il fumo e che tipo di danni provoca, proprio perché è stato appurato che oltre a veicolare fumi altamente tossici per le persone, trasporta anche il calore, che a sua volta è veicolo di nuovi focolai.

Quando si passa da un fuoco di tipo covante a uno più esteso, il fumo passa dall'essere invisibile a sempre più denso.

Il fumo è una sospensione di particelle in aria, come possiamo notare in un aerosol, contaminata dai prodotti tossici della combustione, sotto forma di gas molto pericolosi per le persone.

Durante la prima fase di un incendio, quindi, in un ambiente chiuso si formerà prima uno strato di fumo immediatamente sotto al solaio, perché l'aria calda sale e va in alto, poi piano piano questo strato si abbasserà, riducendo la visibilità e la possibilità di sopravvivenza delle persone, in quanto diventerà sempre più nero, denso e quindi tossico e pericoloso.

I sistemi naturali SENFC mantengono a pavimento un volume libero da fumo, al di sopra del quale galleggiano uno strato di fumo e gas caldi che vengono convogliati all'esterno, grazie alla differenza di pressione risultante dalla stratificazione termica.

Si forma una sorta di camino in cui l'aria fresca passa dalla parte bassa e trascina il fumo verso l'alto. Questi sistemi sono realizzati per funzionare nella fase di pre flash over, cioè quando abbiamo fiamme a temperature talmente alte che si diffondono in maniera generalizzata in un lasso di tempo veramente breve. Lo scopo di questi sistemi è, quindi, fare in modo di evitare il flash over, perché è la fase più distruttiva.

Gli EVAC gestiscono la fase in cui va smaltito il fumo caldo, attraverso l'apertura di uno o più evacuatori di fumo e calore. Sono dispositivi progettati per spostare fumi e gas caldi all'esterno di un fabbricato, per mezzo delle forze ascensionali. È un po' come aprire due finestre ai lati opposti di una stanza. Sono costituiti da un basamento che poi viene collegato alla copertura da elementi mobili di chiusura e da dispositivi di apertura.

La norma UNI 9494 riguarda la progettazione e l'installazione, definendone requisiti e criteri di dimensionamento.

L'installazione si applica a tutti gli elementi strutturali che, in caso d'incendio, hanno la funzione di evacuare il fumo e il calore da un ambiente chiuso come un capannone o un centro commerciale.

In un grande capannone, ad esempio, c'è un ambiente da proteggere e in fase progettuale gli evacuatori sono stati posizionati in copertura. Inoltre, per migliorarne l'efficacia possono essere aggiunte delle barriere a fumo, ossia delle tende che creano dei settori e dividono la zona da proteggere in macro aree.

Il fumo viene diviso attraverso l'uso di queste barriere, affinché non siano contaminati altri reparti dell'attività produttiva.

In questo modo, si crea una sorta di serbatoio di fumo, che è un volume all'interno di un ambiente limitato o chiuso dal soffitto e dalla barriera, che trattiene il fumo che si stratifica in questa

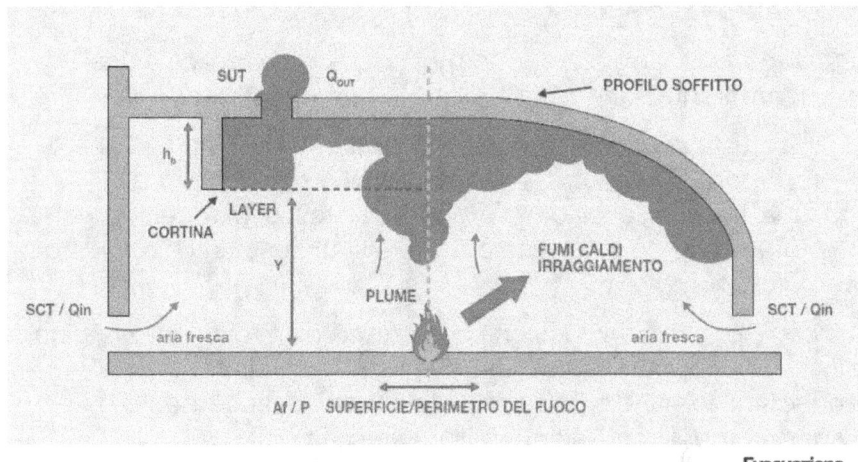

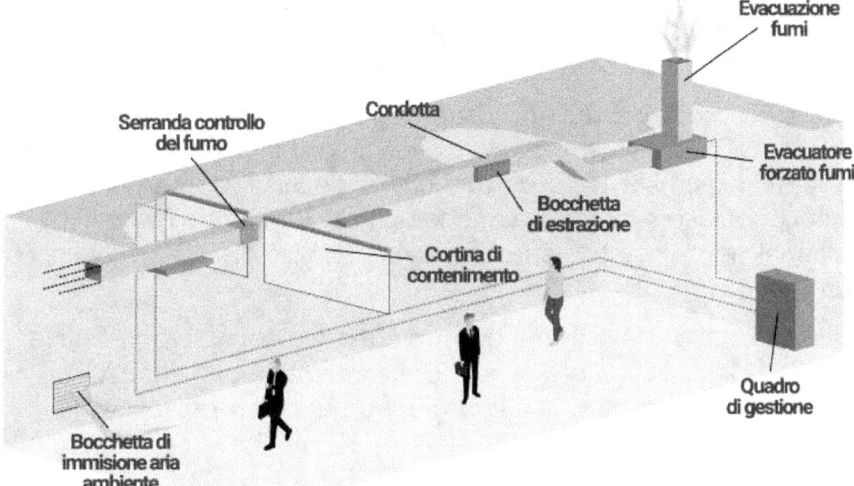

Schema movimento fumo
Fonte: mozzanica.eu

nicchia e viene evacuato attraverso gli evacuatori di fumo e calore.

La norma si applica in ambienti con una superficie minima di 60 mq e un'altezza minima di 3 m, quindi, è il caso di edifici monopiano, ultimo piano e piani intermedi di edifici multipiano.

Non si applica ad ambienti con rischio esplosione, con corridoi con scale o senza. Non è comunque esclusa la possibilità di installare questi impianti in superfici minori di 600 mq o maggiori di 1600 mq, dove c'è l'effettiva necessità a livello progettuale. Questa è una scelta discrezionale.

Per superfici maggiori di 1600 mq, si fa ricorso invece a una compartimentazione a soffitto con le barriere al fumo.

Il progettista sceglie e dimensiona i materiali che ha certificato il produttore per un dato scopo, mentre l'imprenditore si occupa, tramite l'ausilio del progettista stesso, di tenere in manutenzione ed efficienza ciò che è stato installato, in questo caso l'evacuatore.

Le componenti principali che costituiscono un evacuatore sono l'infisso, la cupola o corpo dell'evacuatore, le alimentazioni, i quadri di comando e controllo, le linee di collegamento e l'apertura per l'immissione dell'aria fresca.

L'evacuatore dev'essere conforme alla UNI 12191, che riporta le specifiche tecniche per i costruttori.

Ora parliamo dei dispositivi di apertura. Quando richiesto, questi evacuatori devono potersi aprire verso l'esterno; per fare questo esiste un dispositivo di apertura che, mediante un'energia interna a cui può essere associata anche una esterna, entra in azione manualmente o automaticamente per mezzo di sistemi elettrici o pneumatici.

Di solito, esiste un sistema gruppo attuativo con una bombolina di gas CO_2 che, qualora venga forata dal gruppo di attuazione, immette il gas dentro un cilindro pneumatico che apre l'evacuatore.

Attuatore lineare
Fonte: caoduro.it

Questa foratura di bomboletta può avvenire attraverso un'ampolla termosensibile, tipicamente a 68° gradi, attraverso un comando elettrico oppure attraverso un comando con detonatore pirotecnico.

I comandi elettrici a 24 volt fanno in modo che un percussore rompa l'ampolla termosensibile, provocando la foratura della bombolina di CO2 tramite una molla e un ago, con conseguente immissione del gas dentro al pistone.

Gli elementi termosensibili possono essere rossi a 68°, verdi a 93° e blu a 141° anche se tipicamente si usano quelli rossi a 68° gradi.

Ogni evacuatore è ovviamente dotato di un dispositivo di attuazione per l'apertura di emergenza, ma in certi casi possono anche essere usati per la ventilazione in serie, attraverso aria compressa convogliata attraverso apposite aperture, oppure con evacuatori comandati elettricamente.

La norma consente di poterli aprire, ad esempio, per ventilare in estate l'ambiente di lavoro.

Nel caso di pulsante manuale per l'attuazione, questo sarà costituito da un box con delle fiale di CO2 al suo interno, tramite una rete di distribuzione collegata ai vari evacuatori, potremo aprirli in contemporanea.

In impianti SENFC possiamo avere anche una duplice funzione di emergenza e ventilazione.

I comandi pneumatici inviano il gas compresso ai cilindri degli evacuatori, con tubazioni idonee alle pressioni in gioco, poi attraverso la stessa linea è possibile convogliare l'aria compressa per aprirli in modalità ventilazione.

Nel caso di attivazione esclusivamente a fiala, non posso gestire la ventilazione, in caso di apertura, anche accidentale, occorre richiuderli manualmente dal tetto.

Questa operazione è più onerosa rispetto alla gestione da terra e comporta l'adeguamento della copertura con parapetti e linee anticaduta omologate.

Anche la manutenzione risulterà più onerosa in questo caso.

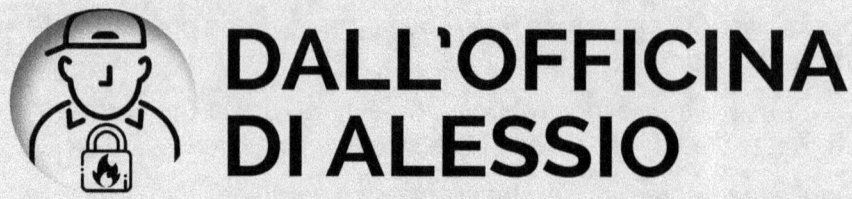
DALL'OFFICINA DI ALESSIO

Attenzione, nell'ambito della manutenzione bisogna provvedere affinché l'accesso sul tetto avvenga in modo sicuro da parte dell'operatore.

A seconda della tipologia di evacuatore installato, il manutentore deve poter accedere al tetto, con tutto quello che comporta a livello di sicurezza, come linee anticaduta e accessibilità. Documenti e manutenzioni alle linee sono necessari.

Sulle coperture occorre rispettare un rigido protocollo di sicurezza per evitare incidenti gravi.

L'imprenditore deve quindi tenere sempre in considerazione questi aspetti, nella valutazione dei costi e della logistica.

Puoi facilmente verificare la tua situazione con il tuo RSPP.

#13

Gli impianti di evacuazione fumo e calore possono essere collegati anche a impianti di rivelazione fumi, attraverso idonei dispositivi di interfacciamento, perciò in caso di allarme o doppio allarme di sensore, posso fare in modo che all'evacuatore arrivi un segnale di tipo elettrico, che va poi a forare la bombola di CO_2 che a sua volta attiva il pistone, aprendo infine l'evacuatore.

Esistono, inoltre, sistemi di evacuazione di fumi forzati attraverso l'uso di alcuni ventilatori.

Per la manutenzione si segue la UNI 9494.3.

Bisogna avere come sempre la documentazione iniziale, cioè il disegno, lo schema funzionale, la planimetria, l'elenco dettagliato dei componenti e il manuale di uso e manutenzione.
Tutti questi materiali devono essere forniti al manutentore e, se non disponibili o solo parzialmente, devono essere rielaborati da un professionista antincendio. Fatta la presa in carico, almeno ogni sei mesi occorre fare manutenzione a questi sistemi.

Bisogna controllare:

- il gruppo di scatto termico di ogni singolo evacuatore;
- l'integrità dell'ampolla;
- la cartuccia, da collaudare ogni dieci anni;
- il peso della cartuccia che non deve risultare inferiore al 10% rispetto a quello stampato sul corpo della bombola;
- lo stato della valvola termica.
- In caso di controllo del gruppo di comando centralizzato, bisogna comunque controllare:
- bombola di CO_2;
- scadenza di collaudo peso;
- congegni di apertura manuale di controllo della stazione pneumatica;
- impianto pneumatico.

Occorre ovviamente avere una serie di ricambi presenti in azienda o dal manutentore, perché se la bomboletta viene forata, anche inavvertitamente, occorre poi che l'evacuatore abbia quelle di scorta per non rimanere fuori uso.

È di fondamentale importanza procurarsi prima questi ricambi, avere un evacuatore aperto durante un temporale per esempio non è certo il massimo!

Vediamo alcune definizioni, tratte dalla norma UNI 9494.3.

"Il tecnico progettista dev'essere una persona dotata della necessaria formazione ed esperienza e che abbia accesso alle attrezzature, alle normative, alle check-list e ai manuali per poter eseguire le lavorazioni."

"Il responsabile del sistema è una persona che ha il compito di gestire e mantenere efficiente l'evacuatore secondo la legislazione vigente." È molto importante procedere alla sorveglianza interna e alla registrazione delle prove, a tutti controlli che devono essere formalizzati mediante lista di controllo, di cui una copia dev'essere conservata dal responsabile dell'attività. Nella norma UNI è presente la lista di documentazione da produrre.

Questi sistemi ovviamente lavorano in simbiosi con altri impianti antincendio, come ad esempio la rivelazione fumi e il sistema di evacuazione vocale.

Ancora una volta, il ruolo del manutentore antincendio diventa cruciale, perché qualora un impianto di rivelazione fumi non funzionasse perfettamente e con la corretta logica di funzionamento, coerente con la gestione degli EVAC, ti troveresti di fronte a molti problemi e malfunzionamenti.

Sono tante le problematiche che si possono incontrare in caso di mancata armonia tra i sistemi. Ovviamente, queste problematiche spariscono in caso di scelta di un manutentore formato idoneamente.

Andando avanti nella lettura, troverai altri consigli utili per la prevenzione e manutenzione antincendio, ma se arriverai fino in fondo troverai anche uno strumento utilissimo per risolvere alcuni problemi da solo, la check-list, che potrai scaricare seguendo le istruzioni. Sarà un utile strumento per essere in grado di valutare da solo lo stato di salute dei tuoi impianti.

Con questi validi strumenti, soprattutto sarai in grado di fare da solo i procedimenti di autocontrollo e sorveglianza interna che, ti ricordo, sono obbligatori per legge e possono essere importanti campanelli di allarme per intervenire in tempo, qualora ci fossero problemi o guasti.

14♂

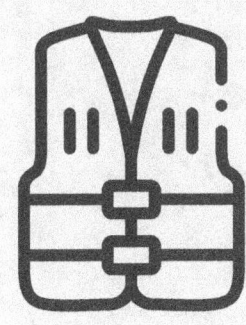

La segnaletica di salute e sicurezza sul lavoro

#14

La segnaletica di sicurezza ricopre un ruolo molto importante e quasi sempre sottovalutato nell'ambito della prevenzione incendi e della sicurezza in generale.

Perché è sottovalutato? Perché molto spesso ci si limita a installare gli estintori con i loro cartelli di segnalazione, senza preoccuparsi invece del resto dei cartelli che sono ugualmente necessari. Spesso sono visti come una spesa inutile e invece rappresentano un ottimo biglietto da visita, perché durante un'ispezione da parte delle autorità competenti, sono la prima cosa che si vede.

I principali riferimenti normativi sono il decreto legislativo 81 del 9 aprile 2008, testo unico sulla sicurezza, in particolare gli articoli 161, 162, 163, 164, che definiscono al titolo 5 i riferimenti sulla segnaletica e sicurezza sul lavoro.

Il datore di lavoro, per regolare il traffico all'interno dell'impresa, deve fare ricorso alla segnaletica prevista e deve fare lo stesso se deve gestire un traffico di muletti o di mezzi pesanti all'interno dello stabilimento. Inoltre, deve fare in modo che i lavoratori siano informati su tutte le misure da adottare riguardo la segnaletica di sicurezza. Ricevere un'adeguata formazione e delle istruzioni precise è fondamentale per muoversi poi in questi ambienti in piena sicurezza, soprattutto quando questa implica l'uso di gesti, parole e comportamenti specifici da seguire.

In riferimento a questo, in particolare, le aziende con elevato traffico di muletti sono sottoposte a rischio elevato per gli operatori del magazzino. In questo caso, la scelta più corretta è quella di utilizzare un mix di segnalazioni:

- cartellonistica a muro indicante il pericolo derivante dai muletti in transito;
- cartellonistica a pavimento con idonei corridoi di sicurezza per i pedoni;
- dispositivi di segnalazione per i muletti;
- formazione idonea al personale.

Con questi accorgimenti è possibile ridurre notevolmente il rischio di infortuni. È per questo motivo che a me piace parlare di impianto di segnalazione, proprio perché la sinergia di più elementi porta al datore di lavoro il risultato desiderato, non solo in ambito di prevenzione incendi ma anche in ambito di sicurezza dei lavoratori.

Nella prevenzione incendi, i cartelli indicano lo stato di posizionamento degli estintori, degli idranti, dei pulsanti di attivazione degli allarmi etc, ma possono anche fornire utili indicazioni per ridurre il rischio d'incendio. Risultano fondamentali anche per la gestione delle emergenze. Ad esempio, in caso di panico per un incendio, in condizioni di scarsa visibilità, i cartelli aiutano a identificare il posizionamento non solo delle attrezzature di primo intervento, ma anche delle vie d'esodo delle uscite d'emergenza e degli spazi sicuri.

Anche se ormai il piano di emergenza è diventato la normalità, e per le attività sottoposte al controllo dei VVF viene allegato direttamente alla pratica SCIA, spesso invece viene tralasciato nelle aziende più piccole e a basso rischio.

Questa leggerezza ti può costare cara, in quanto il datore di lavoro (o amministratore di condominio) e il dirigente delegato sono comunque responsabili e punibili con l'arresto da tre a sei mesi, con l'ammenda da 2700 a 7000 € per la violazione dell'articolo 163 e con ammenda da 822 a 4384 € per la violazione dell'articolo 164. Sono sanzioni pesanti che possono essere sicuramente evitate se si presta la giusta attenzione al piano di sicurezza e alla cartellonistica da installare.

La cartellonistica dev'essere di facile comprensione, univoca e alla portata di tutti gli utilizzatori. Vengono installati ogni giorno migliaia di cartelli, ma sono spesso sbagliati e non rispondenti alle norme tecniche. A volte le indicazioni sono addirittura fuorvianti.

Ma quali sono i criteri da seguire per l'installazione?

#14

Ci sono norme, come la UNI ISO 7010 e altre pertinenti alla cartellonistica, che vanno a gestire appunto i pittogrammi relativi a ogni rischio.

Il primo step è individuare i rischi. Solitamente quando facciamo dei sopralluoghi dai clienti, cerchiamo di interfacciarci con il RSPP (responsabile del servizio prevenzione e protezione), una figura che ti è indispensabile.

Una volta individuati i rischi e le caratteristiche specifiche dell'ambiente di lavoro, occorre individuare i pittogrammi corretti. Ogni pittogramma, infatti, individua una specifica segnalazione, di conseguenza occorre conoscerli bene per poter fare una corretta installazione.

I supporti, cioè i materiali con cui sono realizzati i cartelli, sono l'alluminio, il forex, adesivi. Se serve, possono anche essere luminescenti. Il supporto più comune è l'alluminio ma, in base all'ambiente e alla distanza di lettura, si possono scegliere anche altri formati.

Dopo aver scelto il giusto pittogramma e il supporto, occorre scegliere il tipo e la dimensione.

Per esempio, se ho la necessità di far vedere un estintore in un corridoio, sceglierò un cartello a bandiera, ovviamente sarà più visibile questo tipo di formato rispetto a uno piatto classico.

Se invece ho la necessità di far vedere un'uscita di emergenza da lunga distanza, opterò per un cartello piatto ma di grandi dimensioni, i formati infatti sono codificati in base alla distanza di lettura, più ho bisogno di farlo leggere da lontano, più grande dovrà essere.

È molto importante, quindi, non solo la scelta del pittogramma, ma anche la scelta del supporto e della tipologia. Per questo, ti riporto di seguito anche la circolare del ministero del lavoro del 16 luglio 2013:

Con **la circolare n. 30 del 16 luglio 2013** *il Ministero del Lavoro ha chiarito che l'adozione della segnaletica secondo norma UNI EN ISO 7010:2012 (o secondo altra norma UNI) è idonea sia nel caso in cui la simbologia differisca a livello grafico da quella contenuta nel Testo Unico di Sicurezza, sia nei casi in cui presenti simboli non contemplati nel D.lgs. 81/2008.*

Il Ministero precisa, quindi, che in caso di **segnali previsti dalla norma UNI EN ISO 7010:2012 e non dal Testo Unico**, l'adozione della segnaletica secondo norma UNI è idonea così come l'adozione della segnaletica di sicurezza prevista da altre vigenti norme UNI, ai sensi della previsione contenuta nell'articolo 163 del D. Lgs. 81/08 che espressamente prevede che *qualora sia necessario fornire mediante la segnaletica di sicurezza indicazioni relative a situazioni di rischio non considerate negli allegati da XXIV a XXXII, il datore di lavoro, anche in riferimento alle norme di buona tecnica, adotta le misure necessarie, secondo le particolarità del lavoro, l'esperienza e la tecnica*[1].

Questa circolare chiarisce ulteriormente alcune installazioni non comprese nelle fattispecie del decreto 81/08.

Nel *Sistema Manutenzione Protetta*® è prevista quest'attività, non solo nella fase di prima installazione ma anche nella manutenzione successiva, questo per due motivi principali, innanzitutto i cartelli si deteriorano e vanno sostituiti nel tempo, in secondo luogo siccome le condizioni di lavoro possono cambiare, la cartellonistica si deve adeguare.

Può anche accadere che ci sia stato un cambio normativo, con conseguente cambio di pittogramma e messa al bando di parte della cartellonistica esistente.

Il nostro pacchetto di manutenzione è studiato per evitare che questo possa accadere a te e quindi annullare non solo eventuali sanzioni, ma ridurre anche il numero di infortuni. Sai che potresti essere oggetto di rivalsa da parte dell'INAIL in caso di infortunio, se non hai segnalato i rischi presenti in azienda?

Un buon impianto di segnaletica, infatti, è quello che spesso fa la differenza non solo durante la fase ispettiva degli enti certificatori o degli enti di controllo, ma soprattutto anche nella riduzione degli infortuni.

---

[1] www.insic.it (data di accesso 19/08/2020)

DALL'OFFICINA DI ALESSIO

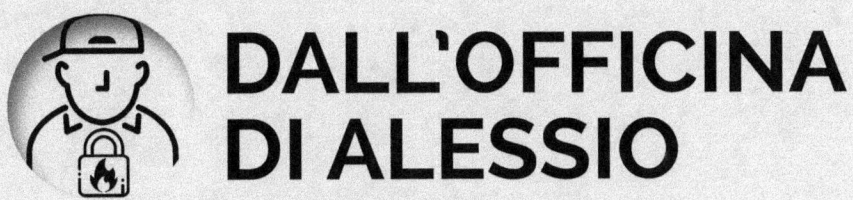

La cartellonistica è troppo spesso ignorata dalle aziende, invece, un ottimo impianto di cartellonistica con la giusta visibilità, in caso di emergenza, fa davvero la differenza.

Per esempio, i cartelli luminescenti in condizioni di scarsa illuminazione possono essere fondamentali per illuminare vie d'uscita e gli estintori, anche perché, oltre alla luce scarsa, c'è da considerare anche il fumo che si sviluppa durante l'incendio, che riduce ancora di più la visibilità.

Integrare quindi la cartellonistica standard presente nella struttura con cartelli luminescenti è un ottimo modo per migliorare la sicurezza dell'azienda.

> Se pensi di averne bisogno,
> compila subito il questionario che troverai sul sito
> **www.antincendionatalini.it**
> per richiedere una consulenza gratuita.
> Potremo valutare l'efficacia della cartellonistica installata e predisporre delle integrazioni speciali per le tue esigenze.

15 ♂

Gli impianti a schiuma

#15

Un impianto a schiuma utilizza una miscela schiumogena acqua/liquido per soffocare gli incendi. Anche se è particolarmente efficace su alcuni tipi di materiali, si tratta comunque di un impianto di nicchia, cioè viene prescritto solo per alcune attività ben specifiche, soprattutto per l'estinzione di incendi di combustibili liquidi. Uno dei motivi per cui non è di uso comune è il costo per la progettazione e installazione che è abbastanza elevato.

Le norme di riferimento sono la UNI 13565 e la UNI 1568.

Nella prima norma ritroviamo i requisiti e i metodi di prova per i componenti dell'impianto, la progettazione, la costruzione e la manutenzione.

La norma UNI 1568, invece, tratta degli agenti estinguenti, in particolare delle loro proprietà chimiche e fisiche. Bisogna, infatti, considerare che per ogni tipologia di materiale, esiste uno specifico schiumogeno da utilizzare.

La schiuma, quindi, è usata dove l'acqua non riesce a estinguere l'incendio, quando cioè non riesce a essere efficace. Un impianto a schiuma combina l'acqua e l'aria con un liquido schiumogeno concentrato, che è miscelato in determinate percentuali con l'obiettivo di creare un film isolante in grado di separare il combustibile dal comburente, estinguendo così l'incendio.

Esistono diversi tipi di schiumogeni e ognuno ha la sua denominazione:

- Liquidi schiumogeni proteinici;
- Liquidi schiumogeni sintetici;
- Liquidi schiumogeni fluoro proteinici;
- Liquidi schiumogeni fluoro sintetici;
- Liquidi schiumogeni per alcoli;
- Liquidi schiumogeni universali.

Vediamo adesso le caratteristiche principali di ogni tipo di agente schiumogeno.

Impianto schiuma
Fonte: gielle.it

Liquidi schiumogeni proteinici

Sono schiume di base, dotate di buona resistenza e stabilità ma poco scorrevoli. La loro azione è lenta ma hanno un'ottima resistenza al calore. Sono utilizzate a bassa espansione per incendi di prodotti petroliferi.

Liquidi schiumogeni sintetici

Sono schiume ottenute componendo dei tensioattivi sintetici e sostanze stabilizzanti. La schiuma prodotta è scorrevole e resistente, adatta a qualsiasi tipo di espansione (bassa, media, alta). Sono idonei per incendi di idrocarburi e liquidi infiammabili.

Liquidi schiumogeni fluoro proteinici

Sono schiume composte da sostanze proteiche idrolizzate con fluorocarburi tensioattivi e con l'aggiunta di stabilizzanti. L'utilizzo dei tensioattivi permette la formazione di un film liquido fondamentale per l'efficacia dello spegnimento. Queste schiume presentano tre vantaggi importanti: alta scorrevolezza, elevata tenuta ai vapori, stabilità chimica.

Sono adatte a incendi impegnativi, come ad esempio navi petrolifere e grossi serbatoi di carburante. L'espansione corretta è bassa e media.

Liquidi schiumogeni fluoro sintetici

Sono schiume create combinando dei tensioattivi fluorurati con tensioattivi sintetici, stabilizzati per il miglioramento delle caratteristiche tecniche, in particolar modo la scorrevolezza. Sono dette schiume "Acqueous Film Forming Foam (AFFF)", perché in fase di drenaggio formano un "film" liquido che separa combustibile e comburente. Utilizzate a bassa e media espansione, sono adatte a interventi rapidi su grandi superfici.

Liquidi schiumogeni universali idonei per alcoli

Denominati AFFF AR, sono schiume universali, utilizzabili per incendi su idrocarburi e alcoli. Sono utilizzabili sia a bassa che media espansione, su incendi di industria petrolchimica (acetone, alcoli, vernici).

Ti allego anche la circolare esplicativa dei VVF del 07/08/2019:

Prime linee direttive finalizzate al miglioramento dell'attività di spegnimento degli incendi.

3/9 ALLEGATO 1 CARATTERISTICHE DEGLI SCHIUMOGENI SINTETICI

Caratteristiche generali

Tipologia schiumogeno: sintetica

I liquidi schiumogeni debbono essere idonei ad essere utilizzati anche con acqua di mare. Al fine di favorire l'utilizzo con i sistemi di produzione della soluzione schiumogena attualmente in uso sono da prediligere liquidi schiumogeni Newtoniani (a bassa viscosità). (requisito non obbligatorio). La dotazione di un Comando deve essere su due linee di prodotti, in modo tale da garantire l'efficacia su incendi di classe A e classe B.

Schiumogeni idonei per incendi di classe A (utilizzabili per incendi di solidi che danno luogo a brace)

Per materiale combustibile solido si intende quello fibroso, derivante dal legno e derivati, carta, cartone e pneumatici, così come definiti dalla norma UNI EN 2.2005. Tali liquidi schiumogeni (non contenenti composti fluorurati) devono essere conformi al capitolo 6 dello standard NFPA 18:2017 di tipologia bagnante "wetting agent", alla UNI EN 1568.2018-1 (schiuma in media espansione) e alla UNI EN-1568.2018-3 (bassa espansione liquidi non miscibili con l'acqua) di classe ≥ III C; la concentrazione d'utilizzo deve essere compatibile con i sistemi di produzione della soluzione schiumogena in uso. Ad ogni conto la concentrazione deve essere ≤ all'1%.

Schiumogeni idonei per incendi di classe B (utilizzabili per incendi liquidi o materiali liquefattibili)

Per materiale combustibile liquido si intende quello a più alto potere calorifico (liquidi infiammabili e solidi che si possono liquefare, come definiti dalla UNI EN 2.2005. Tali liquidi schiumogeni sono di tipo AFFF AR (Aqueous Film Forming Foam - Alcohol Resistant), conformi alla normativa UNI EN-1568.2018-3 (liquidi a bassa espansione non miscibili con l'acqua) di classe ≥ I B (idonea per getto diretto sulla superficie dell'incendio) e conformi alla normativa UNI EN-1568.2018 - 4 (liquidi miscibili con *l'acqua) di classe ≥ I B. Devono essere conformi al Regolamento EU "2017/1000/EC; la concentrazione d'utilizzo dello schiumogeno dovrà essere idonea ad essere utilizzata dalla dotazione attuale di sistemi della produzione della soluzione schiumogena. In ogni caso ≤ al 3%. Se il concentrato di schiuma è influenzato negativamente dalla conservazione a bassa temperatura si dovrà porre particolare attenzione alle temperature minime di utilizzo dei prodotti, in relazione alle condizioni climatiche locali.*[1]

Il progettista quando dimensiona l'impianto, sceglie lo schiumogeno giusto in base al tipo di incendio che si prevede di dover spegnere. La conoscenza delle caratteristiche delle schiume, degli impianti a schiuma e delle dinamiche di spegnimento, è fondamentale in fase progettuale, ma sicuramente lo è anche successivamente nelle fasi di sorveglianza interna e manutenzione.

Ma come si comporta esattamente la schiuma durante la scarica effettiva?

Iniziamo col dire che la schiuma antincendio è un aggregato di bolle ripiene d'aria, ricavate da particolari soluzioni acquose (schiumogeno puro).

La struttura della schiuma è quindi conferita dalla diversa tipologia di miscelamento acqua – aria – schiumogeno. In funzione delle caratteristiche proprie del concentrato di partenza e del miscelamento, potremo ottenere diversi risultati.

La percentuale di liquido schiumogeno concentrato, addizionato alla portata d'acqua attraverso delle speciali lance, permette di generare schiuma.

Di solito, la miscelazione avviene fra il 3 e il 6%, più raramente all'1%. Avremo, quindi, uno schiumogeno base che si mescola con l'acqua, a cui poi viene aggiunta l'aria, ottenendo la schiuma che è il prodotto finale che ha il compito di soffocare l'incendio.

Questo schiumogeno, infatti, interagisce con le fiamme, dando luogo all'operazione di separazione del combustibile dal comburente, al raffreddamento e alla separazione fisica combustibile/comburente.

---

[1] http://www.vigilfuoco.it/aspx/download_file.aspx?id=27898, data di accesso 3/10/2020.

#15

Il tempo di drenaggio è la misura che rappresenta il tempo richiesto perché una determinata quantità di soluzione acquosa sia drenata dalla matrice schiumogena di origine, parliamo, quindi, della separazione fra schiumogeno e acqua.

La resistenza termica alla riaccensione è la capacità della matrice schiumosa di resistere, anche per tempi prolungati, all'azione diretta delle fiamme che si sprigionano da un incendio estinto solo parzialmente e alla riaccensione durante la fase finale dell'incendio.

Il rapporto di espansione (RE) è il rapporto tra il volume finale della schiuma espansa e il volume della soluzione schiumogena prima dell'espansione. Abbiamo, quindi, espansione bassa, media e alta con RE da 20 a 200. In sostanza, sono i litri di schiuma che otteniamo per ogni singolo litro di schiumogeno concentrato.

> Se t'interessa approfondire l'argomento vai su **www.antincendionatalini.com** e richiedi una consulenza gratuita, non lasciare le cose al caso ma prendi ora coscienza dello stato dei tuoi impianti. Dopo aver fatto il punto zero, potremo lavorare insieme per eliminare malfunzionamenti e anomalie che potresti avere sul tuo impianto.

Gli impianti a bassa espansione vengono usati dove c'è un basso carico di combustibile ma dove è fondamentale la velocità d'intervento, in quei casi più passa il tempo più i danni diventano esponenziali.

In caso di depositi di combustibili più consistenti, invece, si ottiene un miglior controllo con una schiuma di rapporto espansione maggiore, la quale crea una vera e propria "coperta" sulla zona da proteggere, in questo caso però i tempi d'intervento sono più lunghi.

Per gli impianti ad alta espansione, il concetto cambia radicalmente, in questi casi l'obiettivo è quello di avere una saturazione volumetrica totale dell'ambiente (per esempio un hangar), togliendo proprio ossigeno dall'ambiente.

A bassa espansione, quindi, abbiamo un intervento più rapido per quantità minori di materiale combustibile, con un'espansione media, in caso di depositi di combustibili consistenti, avremo una maggiore efficacia ma minore velocità, con un'espansione alta, avremo la saturazione totale dell'ambiente con la schiuma.

Ogni schiumogeno dev'essere abbinato al proprio erogatore, idoneo al rapporto di espansione che si vuole ottenere.

In che modo si ottiene il rapporto di espansione?

È l'ultimo processo della catena di formazione della schiuma e si basa sulla miscelazione dell'acqua con lo schiumogeno puro, messo poi in contatto con l'aria al momento dell'erogazione. Quindi ogni livello di espansione (basso, medio e alto) avrà il suo tipo di ugello erogatore che permette una diversa miscelazione.

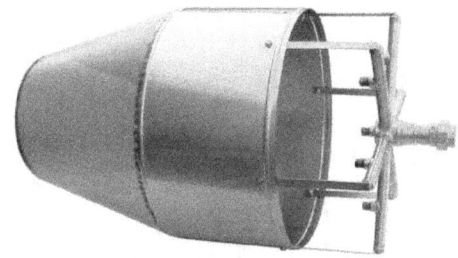

Erogatore alta espansione
Fonte: campiantincendi.it

Erogatore media espansione
Fonte: sdmantincendio.com

Per quanto riguarda i sistemi di miscelazione della schiuma con aria e acqua, la tecnologia mette a disposizione diversi metodi:

- Miscelatori di linea;
- Pre miscelatori a spostamento di liquido;
- Miscelatori volumetrici;
- Pompe volumetriche con valvole di bilanciamento.

Per quanto riguarda invece i rapporti di espansione, abbiamo:

- bassa espansione: 10 litri di schiuma con 1 litro di schiumogeno;
- media espansione: 100 litri di schiuma con 1 litro di schiumogeno;
- alta espansione: 1000 litri di schiuma con 1 litro di schiumogeno.

Gli impianti a bassa espansione sono sistemi suddivisi in quattro classi:

- fissi;
- semifissi;

- gruppi mobili;
- portatili.

Negli **impianti fissi,** la schiuma è convogliata attraverso tubazioni fisse da una postazione centralizzata, vicino al luogo in cui di solito c'è il locale di spinta, che comprende lo schiumogeno stoccato in serbatoio.

Questi sistemi possono essere attivati in maniera manuale oppure attraverso un sistema di rivelazione e attuazione automatico. Come per altri tipi di impianti di cui abbiamo parlato negli altri capitoli, anche questi possono essere attivati mediante la rivelazione fumi.

È evidente che in questo caso la criticità consiste ancora di più nel falso allarme, perché se devo proteggere un deposito da 100.000 L di gasolio, ovviamente dovrò stare molto attento a dare il consenso automatico: se l'impianto partisse con un falso allarme, allora la schiuma finirebbe dentro il serbatoio, con gravissimo danno economico per la proprietà.

Bisogna tenerne conto nella progettazione e poi nella manutenzione.

I **semifissi** sono quelli situati in prossimità della zona di rischio. Vengono installate postazioni fisse idonee, con erogatori connessi mediante una tubazione ad una postazione a distanza di sicurezza. Il sistema di tubazione può non includere l'apparecchio per la produzione dello schiumogeno, ma può essere trasportato presso la postazione sicura e connessa alla tubazione fissa, in generale dopo che l'incendio è partito.

I **gruppi mobili** sono costituiti da un fusto su un carrello con a bordo manichette e lance per l'espansione della schiuma; possono essere su ruote manovrati a mano, ma anche su panche trainati, dipende dalla grandezza. Giunto sul posto, basta collegarlo a un'alimentazione idrica, come gli idranti e, attraverso un sistema di miscelatore manuale, il sistema genera schiuma usando un'alimentazione esterna.

I **gruppi portatili** sono sostanzialmente gli estintori a schiuma.

Ci sono poi gli impianti acqua schiuma ad acqua frazionata con agenti bagnanti. Questi sono particolari tensioattivi che riducono la tensione superficiale dell'acqua con la quale sono miscelati. In questo modo, ne miglioro la permeabilità durante l'incendio e la espandibilità sulle superfici. La miscela diventa in pratica un'acqua migliorata, sia nelle applicazioni di solo raffreddamento sia come agente estinguente su incendi di classe A e B.

Ritornando al proporzionamento della schiuma con l'acqua, il miscelatore che si trova sui gruppi mobili, quando l'acqua entra, realizza al suo interno una zona di bassa pressione nella quale il liquido concentrato si miscela con l'acqua che poi fluisce nell'erogatore. Il concentrato passa attraverso un orifizio che ne regola la portata e ne determina la percentuale di concentrazione nella soluzione finale. Quindi da un orifizio viene presa l'acqua nel fusto e, attraverso un regolatore manuale, si determina la volumetria, cioè l'espansione della schiuma. Il rapporto di miscelazione è facilmente regolabile con un pomello.

Gruppo mobile schiuma
Fonte: absfire.it

I serbatoi con premescolatori sono sostanzialmente serbatoi in pressione con una guaina, una membrana interna che contiene lo schiumogeno concentrato. La pressione dell'acqua è usata per premere su questa membrana in modo da pressurizzare lo schiumogeno, che viene spinto in pressione verso il proporzionatore a effetto Venturi.

Il dosaggio così ottenuto, attraverso l'aumento della velocità del flusso, determina un abbassamento della pressione statica a causa della diminuzione del concentrato di schiuma.

Questo sistema è vantaggioso perché non è richiesta nessun tipo di sorgente di energia esterna per pressurizzare lo schiumogeno, essendo usata la pressione stessa dell'acqua. Tuttavia, c'è un limite, ovvero la difficoltà nel procedere con la ricarica del serbatoio durante gli interventi, inoltre la gestione del rapporto schiuma non è preciso e regolabile. Questo sistema è quindi usato per piccoli impianti.

Le pompe proporzionatrici, invece, impiegano un serbatoio aperto per lo stoccaggio del liquido concentrato, dal quale aspira la pompa, generalmente volumetrica o centrifuga in funzione dell'applicazione della viscosità dello schiumogeno che uno ha nel progetto.

Una valvola di bilanciamento automatico regola poi la pressione del liquido concentrato, in modo da eguagliare quella nell'acqua nel proporzionatore.

Il motore idraulico utilizza l'energia della pressione del flusso d'acqua, secondo la richiesta per ruotare. Il motore quindi converte l'energia dell'acqua in potenza, quando la rotazione della pompa si attiva.

La rotazione viene trasmessa alla pompa schiuma tramite un riduttore, la quale miscela la schiuma nella maniera corretta e dirige la miscela acqua/schiuma verso gli erogatori, attraverso una linea di distribuzione. Sostanzialmente, che ci sia una pompa o un sistema premiscelatore, una volta che la schiuma, arrivata attraverso le tubazioni, raggiunge i sistemi di erogazione, essa sarà miscelata all'aria attraverso un erogatore idoneo al tipo di espansione voluta.

La manutenzione

Dopo un'accurata presa in carico di tutta la documentazione di progetto, la verifica delle certificazioni di posa in opera e la verifica di quello che realmente è stato messo in campo, possiamo procedere alle manutenzioni e sorveglianze interne.

Per gli impianti a schiuma, sono previste ispezioni settimanali e mensili a cura dell'utente; poi abbiamo l'ispezione trimestrale per l'alimentazione idrica, con riferimento alla normativa UNI, di cui abbiamo parlato già in un altro capitolo. Inoltre, sono previste ispezioni semestrali e annuali, oltre ovviamente alla manutenzione ordinaria e straordinaria.

Le ispezioni settimanali a cura dell'utilizzatore vengono fatte per verificare:
- il livello dei serbatoi dell'acqua;
- l'adescamento della pompa;
- il concentrato dello schiumogeno, a esclusione dei serbatoi a membrana (i serbatoi devono essere pieni);
- il corretto funzionamento del periodo di riscaldamento;
- la corretta posizione fissa di tutte le valvole di arresto;
- lo stato dei dispositivi di avvio automatico e manuale delle pompe;
- eventuale presenza di perdite;
- danneggiamento per corrosione;
- prova di funzionamento dei dispositivi di avvio automatico e manuale delle pompe.

Le ispezioni mensili sono volte a controllare:

- la pressione di portata di sistemi alimentati direttamente dalla rete pubblica dello stabilimento;
- le tubazioni;
- le uscite schiuma;
- gli ugelli e i supporti dei tubi;
- la protezione antigelo delle tubazioni;
- l'apertura d'immissione d'aria dei dispositivi, controllando che non ci siano interruzioni;

Le ispezioni semestrali (in aggiunta alle altre a cura del manutentore) comprendono:

- analisi visiva dei filtri;
- prova funzionale del dosatore;
- controllo delle valvole;
- ispezioni annuali;
- controllo delle valvole di arresto;
- controllo dei componenti;
- controllo del dosatore con schiume a basso impatto ambientale;
- controllo dello schiumogeno.

Per le operazioni consigliate in base ai manuali d'uso e manutenzione dei costruttori, ogni cinque anni è consigliabile verificare la membrana del premescolatore; l'utente poi deve anche provvedere a un'accurata pulizia della riserva, controllando lo stato della struttura e dell'impermeabilizzante della vasca come da norma UNI di riferimento.

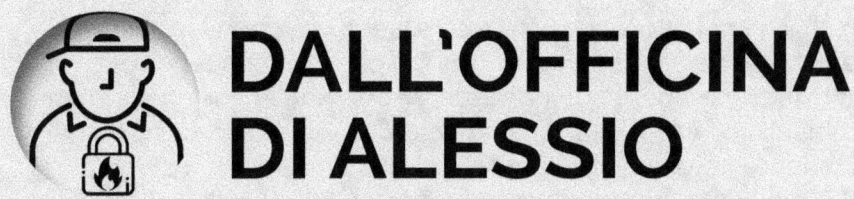

DALL'OFFICINA DI ALESSIO

Negli impianti a schiuma è fondamentale la formazione del personale che si deve occupare della sorveglianza interna e del controllo dell'operato del tuo attuale manutentore.

Gli impianti a schiuma sono impianti meno usuali e poco diffusi, quindi devi stare attento a chi li gestisce, in quanto occorre che la persona che se ne occupa abbia un'adeguata esperienza.

Questo puoi farlo usando lo strumento che potrai scaricare seguendo le istruzioni su **www.manutenzioneantincendiodaincubo.com**, oppure compilando il modulo che troverai on-line sul sito internet **www.antincendionatalini.com**.

Potrai così richiedere una consulenza gratuita, che potremo fare anche via Skype, in modo da verificare in via preliminare lo stato del tuo impianto a schiuma.

Poiché questi impianti gestiscono aree ad alto rischio, è molto importante che tutto funzioni sempre.

È evidente che un cartellino non è sufficiente.

Mi è capitato, ad esempio, un cliente che aveva le pompe volumetriche completamente inchiodate, pur avendo una manutenzione fatta da un'altra azienda appena tre mesi prima.

In questo caso, l'impianto non avrebbe mai potuto funzionare!

Quindi, per stare tranquillo, ti consiglio di sfruttare lo strumento di autoverifica che ti offro oppure richiedere direttamente una consulenza gratuita.

Perché l'impianto a schiuma può essere interconnesso sia con la rivelazione fumi che con il gruppo pompa antincendio, le norme di riferimento da conoscere sono quelle specifiche degli impianti con cui si relaziona. Ancora una volta, ti sottolineo che il manutentore antincendio deve avere sempre una visione a 360° della prevenzione incendi. Sotto quest'aspetto, in particolar modo il *Sistema Manutenzione Protetta*® è l'unico in grado di garantirti la manutenzione a tutti i sistemi antincendio, con la garanzia antisanzione.

Come sempre, dev'essere compilata la relativa check-list di manutenzione e deve esserne fornita una copia al responsabile dell'attività.

Attenzione, siccome sei sempre responsabile del corretto funzionamento del tuo impianto (ormai l'avrai capito), ricordati che devi gestire le eventuali anomalie riscontrate dopo la manutenzione.

Il *Sistema Manutenzione Protetta*® che ho ideato gestisce in automatico il tutto, permettendoti di risolvere i problemi in serenità.

Ti accompagniamo in questo percorso in maniera sostanzialmente automatica, perché a volte può succedere che le anomalie vengano segnalate, ma che poi l'utente si dimentichi di gestirle. Comprenderai bene come questo sia un danno assolutamente importante, così con il nostro sistema abbiamo pensato a una gestione automatizzata. In altre parole, non solo non dovrai ricordarti di gestire il problema ma pensiamo anche noi a risolverlo per te con delle soluzioni di tipo "sartoriale", create su misura per te.

16

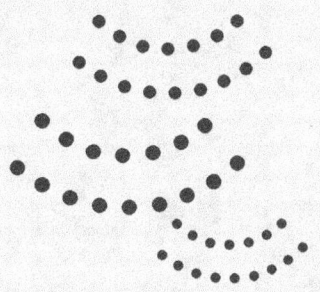

Gli impianti aerosol

#16

Gli impianti ad aerosol sono impianti di tipo attivo e automatico, il cui principio di funzionamento è costituito principalmente dall'azione dei sali di potassio.

Lo spegnimento avviene attraverso un'azione chimico-fisica combinata. La saturazione dell'ambiente con le polveri di potassio permette la creazione di legami chimici stabili tra i radicali del potassio e quelli prodotti dalla combustione. Questa reazione chimica interrompe la combustione.

Poiché gli erogatori permettono l'erogazione di queste polveri in tutto il locale, possiamo spegnere focolai d'incendio anche se non irrorati direttamente.

In sostanza, agisce un po' come l'impianto a saturazione di tipo chimico, ma con un altro tipo di tecnologia, non avremo infatti nessuna bombola in pressione dislocata nell'attività.

Dopo la componente chimica, c'è la componente fisica, la quale si basa sulla tendenza dei sali alcalini in forma di aerosol di stratificare nell'ambiente. Questo processo naturale inibisce l'interazione tra combustibile e comburente, una sorta di barriera chimica allo sviluppo dell'incendio.

Un impianto aerosol si presenta senza le tubazioni di distribuzione, ma con erogatori metallici da installare nella stanza da proteggere.

Questo comporta sicuramente una maggiore facilità di installazione e un minor costo.

I vantaggi principali di questi impianti sono:

- non tossicità del gas;
- eco-compatibilità;
- nessun danno alle apparecchiature elettriche e meccaniche;
- residui facili da rimuovere a fine erogazione;
- non ci sono ugelli, tubazioni e neanche bombole, quindi nessun problema di collaudo o ricarica;
- nessuna sovrappressione durante la scarica.

L'installazione è molto semplice, perché si tratta sostanzialmente di montare gli erogatori con delle staffe a soffitto, per poi cablarli con il cavo resistente al fuoco, alla centralina di rivelazione fumi. Questo impianto lavora insieme alla centrale di rivelazione fumi, andrà quindi sempre testato insieme all'impianto di rivelazione che lo attiva.

La manutenzione comunque risulta essere meno impegnativa rispetto a un impianto a gas, infatti, la mancanza delle bombole e delle tubazioni abbatte i controlli da eseguire.

Vediamo un po' alcune applicazioni tipiche. Grazie alla sua versatilità, si può utilizzare anche in ambienti dove le altre tecnologie vanno in difficoltà, ad esempio locali archivio di grandi dimensioni, dove il gas diventa particolarmente costoso, ma anche in C.E.D., nelle sale server, nei quadri elettrici di impiantistica civile, oppure in ambito nautico come protezione per vani motori di barche, yacht, barche da lavoro e pullman.

Nell'automotive e nella nautica sono molto usati ultimamente, in quanto le polveri di potassio sono secche e facilmente asportabili e non creano danni, al contrario dell'acqua o della polvere standard.

Sono, in sostanza, impianti molto eclettici e adattabili a varie tipologie di situazioni.

Impianto aerosol
Fonte: faella.it

Un attuatore elettrico è posto a contatto con l'agente solido estinguente. Durante un incendio, l'attuatore innesca la reazione chimica in seguito all'attivazione da parte dell'impianto di rivelazione.

La reazione attiva questo prodotto gassoso, l'aerosol, in grado di condensare rapidamente in particelle più piccole delle classiche polveri estinguenti presenti negli estintori. Prima di fuoriuscire, viene raffreddato attraverso il passaggio in uno speciale filtro termo meccanico di carbonato di calcio.

Una volta immesso in ambiente, si miscela facilmente con l'aria interrompendo la combustione. I prodotti che scaturiscono dalla reazione chimica sono al 40% particelle solide e 60% gassose.

I prodotti gassosi consistono in N_2 CO_2 CO H_2O e da tracce di idrocarburi.

#16

Una volta che il progettista nella tua azienda ha correttamente dimensionato l'impianto con un numero congruo di erogatori, è possibile installare e collaudare l'impianto

DALL'OFFICINA DI ALESSIO

Forniamo consulenza anche attraverso i progettisti, fornendo supporto per il dimensionamento di massima degli impianti, i quali devono essere SEMPRE installati da aziende dotate delle abilitazioni di legge.

Se pensi di farti montare gli impianti dal primo elettricista che passa di là, oppure intendi servirti di qualcuno che ti costi poco, sappi che potresti avere delle brutte sorprese.

Non solo la posa in opera non è più certificabile, ma diventa impossibile anche fare la successiva manutenzione.

> Se t'interessa approfondire l'argomento vai su **www.antincendionatalini.com** e richiedi una consulenza gratuita, non lasciare le cose al caso ma prendi ora coscienza dello stato dei tuoi impianti. Dopo aver fatto il punto zero, potremo lavorare insieme per eliminare malfunzionamenti e anomalie che potresti avere sul tuo impianto.

Le norme di riferimento per questo tipo di impianto sono la UNI 1527, UNI 15779 e UNI 10877.

Dopo la posa in opera (se ben eseguita), è possibile procedere alla presa in carico e manutenzione dei sistemi antincendio.

Le operazioni settimanali e mensili sono a carico del datore di lavoro, mentre le semestrali, le annuali e le quinquennali sono a carico della ditta esterna.

Per capire se attualmente stai facendo le giuste operazioni, come sempre troverai le operazioni di sorveglianza all'interno del penultimo capitolo, da scaricare gratuitamente, oppure potrai attivare una consulenza gratuita per verificare lo stato delle cose direttamente con noi.

I controlli semestrali prevedono tutte le operazioni relative alla norma. Per quanto riguarda la parte di rivelazione fumi bisogna controllare:

- il corretto posizionamento degli erogatori;
- il collegamento alla linea di comando rispetto al progetto;
- le eventuali chiavi di selezione nella posizione stabilita dalla procedura dell'impianto;
- le eventuali luci di guasto accese;
- l'efficienza degli alimentatori;
- lo stato di carica delle batterie tampone con sostituzione ogni due anni di servizio.

Inoltre, è molto importante anche effettuare le prove in bianco del sistema, per verificare il corretto funzionamento degli attuatori, attraverso la rivelazione fumi.

Occorre, inoltre, effettuare il test dei dispositivi di attivazione diretta, come i pulsanti manuali.

Serve, inoltre, assicurarsi anche che i locali non siano stati modificati rispetto al progetto iniziale, perché ogni modifica rischia di rendere vano lo spegnimento.

In caso di modifica, occorre fare una nuova progettazione per eventualmente integrare alcuni erogatori aggiuntivi e fare un lavoro di manutenzione straordinaria all'impianto, aggiungendoli con i cablaggi necessari. Tutto quanto poi dev'essere registrato e annotato.

#16

Ricordati che i lavoratori devono essere informati e formati sulla gestione interna dell'impianto, degli allarmi e dell'evacuazione.

Per quanto riguarda la sorveglianza interna ma anche il riporto delle anomalie eventualmente trovate, la cosa migliore è contattarci per poter effettuare una formazione tecnica specifica basata sul tuo impianto specifico.

Stai rischiando di bruciarti con la manutenzione antincendio?

#17

Caro imprenditore, come avrai visto in tutti questi capitoli, ti ho guidato passo per passo nel mondo della manutenzione antincendio, nel modo più semplice possibile.

Come avrai capito, la manutenzione e la gestione antincendio nella tua azienda non sono una cosa semplice, anzi rientrano in un processo molto articolato.

Non basta di certo mettere una firma sul cartellino, senza aver fatto nulla per garantire l'efficienza dei tuoi impianti. Inoltre, avrai compreso che è una pratica che non ti salverà in nessun modo da multe ed eventuali denunce e chiusure.

Avrai capito anche che il manutentore è un lavoro serio ed estremamente complicato. Richiede esperienza, preparazione, serietà e massima dedizione, non si riduce tutto alla visita in sé ma è assolutamente necessaria una giusta preparazione a monte, sia per la logistica che per la parte formativa.

A questo punto c'è da chiedersi: perché molti truffano?

Io purtroppo non posso farti nomi e cognomi, devo tutelare la privacy di quegli imprenditori che sono stati truffati, anche perché molti di loro, da un punto di vista professionale, non dicono così a cuor leggero di essere stati truffati. Non lo ammetteranno mai, se lo tengono per sé, rendendo la situazione "nuvolosa" e poco chiara.

L'estate scorsa ho fatto un sopralluogo in un campeggio. Come sempre, ricevo la classica domanda da parte del titolare: "Ma quanto mi costa la manutenzione?"

In quel momento, se fermo un attimo il tempo, rivedo dall'altra parte una persona del tutto inconsapevole.

Semplicemente gli mancavano dei pezzi d'informazione, cioè mancava completamente la consapevolezza delle sue responsabilità, delle conseguenze e quindi delle scelte che avrebbe fatto.

Il prezzo era l'unica cosa che gli interessava in quel momento.

Permettimi di fare un parallelismo: immagina di andare a fare il tagliando o il collaudo alla macchina. Il tuo unico pensiero è: ma quanto costa? Quanto mi spillerà il meccanico questa volta?

Allora chiedi due preventivi così, tra uno che lo fa a 80 € e un altro a 100, vai dal meccanico che ti farà pagare 80 €, tanto pensi: "In fondo, è solo un bollino, la macchina funziona bene lo stesso".

In fin dei conti, ti serve il bollino di collaudo sul libretto, non t'importa minimamente del resto, ciò che conta veramente, l'unica cosa importante è che la macchina cammini.

Applicato nel mondo della sicurezza antincendio, avrai ormai compreso che questo modo di pensare e agire non paga, nessuna firma su un cartellino ti salverà dalle tue responsabilità di datore di lavoro.

Ritornando all'esempio del campeggio, a quella persona mancavano proprio gli strumenti per capire perché comprare da chi costa di meno, a prescindere, sia sbagliato.

Così la mia risposta quel giorno è stata: "Guarda, non parliamo di soldi, parliamo prima di cosa hai comprato. Io ti smonto un estintore qui davanti ai tuoi occhi e ti faccio vedere che i soldi che hai speso in questo servizio valgono zero".

Sbigottito, il titolare del campeggio mi rispose: "Sì va bene, non parliamo di soldi, fammi vedere perché avrei buttato via i miei soldi. È impossibile che sia come dici tu, la polvere è sempre stata cambiata!". Il tono del titolare era abbastanza stizzito a questo punto.

Così prendo uno dei suoi estintori e lo smonto lì davanti ai suoi occhi. Ormai per esperienza un po' conosco i concorrenti, conosco come lavorano e mi ero già reso conto che non era stato fatto niente a quell'estintore. Allora, lo apro e la guarnizione sul gruppo valvola era ancora quella di quando era stato costruito otto anni prima, ma non è tutto qui. Tiro fuori il gruppo e il pescante, e vedo che la polvere era completamente impaccata, dura come un sasso, inoltre il pescante non riportava le idonee iscrizioni come da legge. In sostanza, mi è bastato un attimo per capire che la revisione non era mai stata fatta realmente, ma solo figurativamente, certificata in modo fasullo, con un cartellino sulla bombola.

I soldi che erano stati fatturati però erano veri! Adesso, dimmi quale risparmio intelligente ha ottenuto quell'imprenditore?

Dopo aver visto con i propri occhi ciò che era successo, mi assegnò l'appalto e la revisione totale di tutti gli estintori presenti.

Certo, cose simili si sono riviste spesso anche in televisione, in effetti, un po' d'informazione a riguardo c'è.

ATTENTI ALLE TRUFFE

Modena, scoperta truffa con certificati sugli estintori fasulli.

Un modenese di 45 anni, accusato di truffa e di rimozione od omissione dolosa di cautele contro gli infortuni sul lavoro, in quanto l'azienda, fornitrice da 50 anni di materiali antincendio e di servizi di manutenzione degli stessi, ha falsamente attestato le operazioni di revisione periodica e/o collaudo degli estintori, commercializzate a circa 1.500 clienti sia privati che pubblici.

Fonte: https://gazzettadimodena.gelocal.it/modena/cronaca/2019/12/30/news/modena-scoperta-truffa-con-certificati-sugli-estintori-fasulli-1.38269347

Fonte: https://www.strisclanotizia.mediaset.it/video/estintori-e-antincendio-in-italia_63274.shtml

Estintori e antincendio in Italia

Moreno Morello prosegue nella sua inchiesta sul sistema dell'antincendio in Italia, perché tra estintori non controllati e manutenzione improvvisata la situazione non è per niente rassicurante, come ci confermano due associazioni di categoria.

Ti basta girare un po' in internet, per verificare il numero elevato di truffe presenti tutti i giorni in Italia. Ma perché tutto questo? Possibile che nessuno controlli nulla?

La motivazione è l'avidità umana e, bada bene, da ambo le parti. Mi spiego meglio.

Da un lato l'imprenditore, con una scarsa visione strategica, vede i soldi investiti nella manutenzione non come un vero e proprio investimento, ma come una spesa inutile, una tassa ingiusta imposta dallo Stato.

La mentalità è: meno costa meglio è, più soldi per me, più soldi per l'azienda. Certo si sa, in Italia ci sono tasse altissime, spesso assurde. Anche io sono un imprenditore come te, so benissimo queste cose, quindi in generale si tende a tagliare e la sicurezza che è una spesa intangibile, non si tocca anche se non se ne può godere come una macchina nuova fiammante.

Succede ad esempio che se uno chiede 16 € per fare una revisione al tuo estintore e un altro ne chiede 25, e tu magari hai 150 estintori, beh, direi che 9 euro fanno una bella differenza. Fai un po' due conti... sono 1350 € di risparmio immediato.

Quindi, come imprenditore risparmi subito 1350 euro, che puoi tenere da parte sul conto corrente della società o magari investire in altro...

Il manutentore farlocco invece guadagna bene, perché prende 16 euro per non fare nulla, in pratica non ha costi di erogazione e nemmeno di smaltimento.

Questo manutentore, infatti, in proporzione, guadagna molto di più di chi fa il lavoro per davvero.

Ti faccio un elenco breve di quali costi ha un manutentore vero contro uno fasullo.

MANUTENTORE ONESTO	MANUTENTORE DISONESTO
Officina mobile attrezzata	Mezzo senza attrezzatura
Costi di smaltimento	Nessun costo di smaltimento
Costi acquisto nuovo estinguente	Nessun costo di acquisto
Ore uomo che effettua la lavorazione	Tempo minimo, gli estintori fanno solo una giratina
Attrezzature per eseguire le operazioni	Nessuna attrezzatura
Elettricità	Nessun consumo
Sede che rispetta le norme di sicurezza	Sede spesso di fortuna non organizzata
Operaio specializzato con esperienza	Scappato di casa
Documenti sicurezza aggiornati	Documenti sicurezza fintamente compilati
DURC in regola	DURC non pervenuto

Il manutentore fasullo non smaltisce niente, non compra le polveri, non deve pagare il trasportatore abilitato allo smaltimento rifiuti, non ha il manutentore in officina che fa il lavoro, non deve avere un magazzino ricambi, insomma, risparmia su tutto e guadagna di più di chi rispetta le regole. Un manutentore truffaldino che ti offre una manutenzione a 16 euro, guadagna molto di più di uno onesto che te ne chiede 25.

L'avidità di persone senza scrupoli fa sì che la ditta di manutenzione faccia revisioni o collaudi fasulli. Questo accade perché chi ti truffa non fa la manutenzione e non ha nessun costo in azienda.

In pratica, è tutto guadagno. Al contrario, chi ti chiede di più lo fa perché il margine, calcolato con veri costi, è minore perché semplicemente lavora davvero, in modo serio e ha dei costi vivi a cui far fronte.

Noi Italiani dobbiamo proprio andare avanti con questa mentalità? Tu, imprenditore pensi: "Tanto firma lui, sono cavoli suoi!".

In realtà, non è così e durante i vari capitoli te l'ho già spiegato: che sia un impianto o un semplice estintore, lui firma ma sono problemi tuoi comunque. Alla fine, non puoi fare spallucce o, come fanno tanti, cadere dalle nuvole, dicendomi che quello di prima faceva così, ti dava i fogli compilati e non ne sapevi niente, non controllavi...

Oggi nel 2020 la sicurezza antincendio non è più da gestire in questa maniera criminale.

Non è più così, perché è inutile che tu passi anni e anni a gestire il tuo albergo, il tuo campeggio o la tua attività con tutta la fatica e i sacrifici che ci vogliono, e poi al primo evento accidentale butti tutto al vento.

Camera iperbarica - Fonte: certifico.com/guide-sicurezza-lavoro-inail/2873-camera-iperbarica-multiposto-il-caso-galeazzi

Ti ricordo l'incidente della Thyssen Krupp del 2007, o quello della camera iperbarica del 1997, dove morirono bruciate dentro delle persone perché gli estintori non funzionavano.

Dobbiamo uscire da questa logica, perché tu datore di lavoro sei sempre responsabile. Non puoi pensare che le aziende di manutenzione siano tutte uguali e, facendo preventivi copia/incolla, corri un pericolo allucinante. E la cosa più tremenda è che non lo sai. Sappi che nemmeno se hai una S.r.l. ti salvi, perché in questo ambito le responsabilità sono tutte riconducibili alla persona fisica e c'è il penale: ti vengono a prendere a casa, ti mettono i sigilli al conto corrente e i blocchi a casa tua, ti sequestrano i beni preventivamente. Perché? Perché la sicurezza dei lavoratori viene prima di tutto.

Nel mio lavoro ho visto anche fatture, che quindi certificano la truffa, dove a un estintore a CO_2 era stato cambiato il gruppo valvola senza neanche smontarlo, cioè questi smontano i gruppi valvola di un estintore a 70 bar dal cliente, senza alcuna attrezzatura e lo scrivono pure, ti rendi conto?

In fattura ho visto la valvola e ho chiesto: "Ma non te l'hanno portato via?". Risposta: "Assolutamente no!".

Poi la gente mi chiama perché si ritrova ad avere a che fare con dei tipi strani. La gente non capisce niente di quello di viene fatto, però si rende conto se qualcosa non va. Vede dei tipi loschi, magari c'è un furgone un po' vecchio con le scritte non tanto belle, danno un'occhiata a come sono vestiti, perché tu imprenditore non puoi sapere queste cose. È proprio per questo che ho voluto scrivere per te questa guida. Magari hai dei sospetti, ma non sai cosa devi guardare per capire se ti stanno truffando o no. E poi se anche lo sai e non intervieni, non serve a niente, perché al primo problema l'azienda viene devastata e nel peggiore dei casi ti vengono a prendere. Non si può più andare avanti così, veramente qui occorre un radicale cambio di mentalità imprenditoriale.

Inutile dire che sugli impianti siamo messi anche peggio, notevolmente peggio. Un imprenditore che fa tutt'altro (magari produce mattonelle) che ne sa dell'impianto di rivelazione fumi o dell'impianto idranti? Niente.

Anche per questo ho scritto questo libro, per permetterti di capire in modo semplice alcuni aspetti fondamentali di questo settore, in modo da poter fare scelte consapevoli.

Certo è vero, la documentazione in merito non manca. Ma la leggi? Tutti i manuali sono in gergo tecnico fatti per i tecnici, una cosa noiosissima, non è per tutti e comunque serve tempo e una mappa per orientarsi, per farsi un'idea chiara.

Proprio per questo, nel mondo imprenditoriale reale non si sa quasi niente. Io ci parlo tutti i giorni con gli imprenditori, sono impreparati per quanto riguarda la sicurezza antincendio. Quindi, togliti subito dal capo questa storia delle gare a chi costa meno, non è un metodo valido per gestire la sicurezza antincendio.

Ma non è colpa tua, lo so. Da un lato il mondo antincendio è estremamente complicato e pieno di norme tecniche, dall'altro la burocrazia è talmente pesante che l'imprenditore passa la maggior parte del tempo a star dietro a questi adempimenti. Non puoi pensare a tutto tu! Non è colpa tua, si trovano tutti in questa situazione.

Così mi sono messo a pensare a una soluzione e alla fine è arrivato il *Sistema Manutenzione Protetta®*. Te ne ho già parlato negli altri capitoli, forse ti sarai fatto un'idea. Ma penso sia il caso di spiegarti bene a che serve e come può aiutarti.

Intanto, è pensato proprio per tutelare l'imprenditore dalle truffe, garantendo alti standard di servizio. Ho creato un sistema prima di tutto specialistico, perché noi ci occupiamo solo di sicurezza antincendio. Dalla mattina alla sera, noi mastichiamo solamente la manutenzione antincendio, in tutte le sue forme, compresa la formazione agli addetti antincendio. Gestiamo la formazione per la sorveglianza di impianti, corsi antincendio per alto, medio e basso rischio. Ci occupiamo anche dell'addestramento pratico all'utilizzo dei vari dispositivi che si trovano all'interno delle aziende.

Abbiamo anche una lunga storia alle spalle, è il nostro secondo cardine. Quest'azienda è operativa dal 1984 e io personalmente è da oltre 20 anni che faccio questo lavoro. Quello che ho sognato è che l'imprenditore potesse delegare a un partner unico, serio e specializzato in antincendio e manutenzione. Allora mi sono messo nei panni dei clienti e mi sono detto: "Se io fossi un imprenditore per me sarebbe un incubo gestire la sicurezza!". Devo pensare ogni volta a chiamare l'idraulico per la pompa, lui magari non viene perché è impegnato in un altro cantiere; allora ne devo cercare un altro perché mi serve subito, magari nemmeno questo può venire o comunque mi fa aspettare. Poi devo pensare all'elettricista, anche lui magari è impegnato in altri lavori e non può venire, però dice che mi manda uno appena possibile, ma nemmeno so se questo che viene ha esperienza e conosce l'antincendio... Come ho già spiegato, queste sono professioni rispettosissime e necessarie, ma non hanno il focus sull'antincendio, non hanno l'ottica della prevenzione. Semplicemente fanno un altro lavoro.

Io, invece, ho pensato a un sistema con un referente unico. Così intanto c'è già un primo vantaggio, ossia non devi più perdere tempo a chiamare tecnici diversi: c'è un referente unico, che fa una fattura unica a cui paghi un unico canone all'anno e basta. Questo è anche molto più semplice da gestire da un punto di vista amministrativo.

Tu fai il tuo lavoro e una volta che ci siamo messi d'accordo su come gestire gli impianti, li prendo in carico e li tengo in manutenzione, in pratica non avrai più pensieri, penso io a tutto!

Tutto prosegue in serenità e quando troviamo un'anomalia, a quel punto scatta la nostra procedura interna, viene segnalata subito e un commerciale si muove, si confronta con te per capire come gestire il problema, perché spesso non si tratta di un pezzo rotto da cambiare.

Inizialmente, magari è stato installato un impianto con dei problemi oppure sono cambiate le situazioni aziendali, per cui all'inizio andava bene e dopo no, oppure ci può essere da discutere su alcuni investimenti strategici o migliorie per far durare impianti più a lungo. Ci sono milioni di situazioni che possono venire a crearsi e il tuo ruolo di imprenditore è lavorare insieme a noi in maniera consapevole.

Il commerciale quantifica l'intervento e poi risolviamo il problema, facile e indolore!

Ma ricordati che non ho mai venduto niente che non fosse davvero necessario al cliente, questo è un nostro valore cardine.

Non c'interessa guadagnare sull'ignoranza delle persone. Credimi, avrei potuto vendere continuamente cose inutili, cavalcando l'ignoranza della gente in questo campo, ma tradirei la fiducia di chi mi ha messo in mano la propria sicurezza e tranquillità.

A un cliente diciamo sempre di cambiare o acquistare un pezzo senza mai fargli spendere un euro di più; anzi, magari ragioniamo su come potrebbe essere meglio investirli, perché è nel nostro DNA. Le truffe ai clienti non le vogliamo fare, non le abbiamo mai fatte.

È per tutti questi motivi che abbiamo tanti clienti che sono con noi da 10, 12, 15 anni. Oggi, specialmente nell'ambito del business locale, basta un attimo per distruggersi una reputazione, e di sicuro non è il nostro obiettivo, perché significherebbe chiudere.

Certo, di problemi a volte ce ne sono e ce ne saranno sempre: guasti a un impianto che va in falso allarme la notte, valvole che si rompono, tubi che si bucano... è successo di tutto in tanti anni di lavoro, come potrai immaginare. Ma, insieme e in maniera onesta e trasparente, normativa alla mano, abbiamo sempre parlato col cliente per risolvere tutto.

In questo modo, forniamo al cliente sempre un riferimento, che si occupa di tutto e lo libera dallo stress che deriva dallo stare dietro a tutto e tutti.

Ti faccio capire solo una cosa dello standard del nostro sistema. La gente che lavora da me non fa solo corsi esterni sulle nuove normative per aggiornarsi. Mi sono reso conto che c'è bisogno di tanti aggiornamenti perché le norme cambiano di continuo, con lettere circolari, decreti ministeriali, decreti del Presidente la Repubblica... Cambia tutto in continuazione.

Da un certo punto di vista questo è positivo, perché vuol dire anche che le tecnologie migliorano e noi siamo più sicuri all'interno delle nostre attività e delle nostre case; però ti dico la verità, è veramente un lavoro da incubo starci dietro.

Francamente mi viene da ridere quando vedo aziende che fanno manutenzione antincendio, corsi sulla sicurezza, vendita antinfortunistiche, HACCP...ci manca che facciano le pratiche assicurative, bolli auto... tutto ciò è inconcepibile! Sono cose incompatibili tra loro! Il settore antincendio è troppo complicato.

Anche il Governo ha compreso l'importanza del settore antincendio, tant'è vero che i tecnici professionisti antincendio ora rientrano in una categoria specifica. Questi tecnici vengono tenuti aggiornati e chi non si aggiorna esce dall'elenco, perché è impossibile essere aggiornati interamente su tutto nei vari settori.

Così, per essere sicuro dello standard, mandiamo una società esterna a fare controlli a sorpresa ai manutentori, con dei questionari. Come in una caserma dei Vigili del Fuoco, non sai mai quando ti succede un intervento, devi essere sempre pronto.

Se vai sul nostro profilo Facebook, vedrai che a volte ho pubblicato anche qualcosa mentre facciamo queste operazioni, tutto questo te lo spiego perché è a garanzia del servizio migliore possibile per te.

Stare al passo è veramente un lavoro difficile, ma molto importante e quindi noi cerchiamo di farlo con tutto l'amore e dedizione possibili.

Io ci sono cresciuto in questo mondo, è l'attività di famiglia e già da quando andavo a scuola andavo in officina a smanettare, smontavo cose... Negli anni '80 ero piccolo, però nei '90 ero già lì e ho visto che la mentalità è cambiata molto: adesso c'è molta più sensibilità rispetto a 15, 20 anni fa.

Quindi, se hai letto i capitoli più tecnici, potrai renderti conto che non puoi pagare 5 euro un manutentore che fa un controllo accurato. Non sta né in cielo né in terra. Non conviene neanche a te, perché la spesa sulla sicurezza la scarichi completamente dalle tasse ed è la tua assicurazione migliore.

È inutile che tu faccia il tiro alla fune con il manutentore, perché ogni euro che spendi in meno nella sicurezza antincendio oggi è un euro che ti si ritorcerà contro domani.

Intanto, con questo libro hai in mano degli strumenti validi per andare a fare dei controlli, altrimenti ci chiami, fai il questionario e ti diamo una risposta in poco tempo.

Il *Sistema Manutenzione* è chiaro, ma perché *Protetta*? Protetta da cosa? Te lo dico sinceramente. Le nostre squadre di manutenzione sono fatte di persone, anche se professionali e con esperienza, converrai con me, sono imperfette, possono sbagliare.

La sera prima hai fatto tardi, non hai voglia, hai una dimenticanza, hai litigato con la moglie, ti sei lasciato con la ragazza, magari stai affrontando il divorzio, hai la rate del mutuo e hai fatto un incidente... sono davvero tante le cose che possono distrarci. Succede a te e succede a noi.

Ho pensato a questa cosa per anni e poi fortunatamente ho avuto l'incontro con il mio assicuratore attuale con cui un giorno mi sono messo al tavolino a ragionare. Volevo trovare un modo per tutelare il cliente, perché alla fine l'imprenditore paga una sorta di premio, come fosse un'assicurazione. Quando paghi un servizio di manutenzione, per legge dovresti vigilare e non dovresti sicuramente prendere il meno caro, questo l'abbiamo capito: culpa in vigilando e culpa in eligendo. Paghi perché mantengano in efficienza le dotazioni antincendio. Ma se qualcosa va storto, che succede?

Sicuramente la ditta antincendio ha le sue responsabilità, tu pure come datore di lavoro hai le tue. Ma tu ti puoi far rivalere sulla ditta? Sappi che le ditte di manutenzione antincendio tendenzialmente sono sfigate. Cioè, sono piccole micro aziende, spesso costituite da 1, 2 o 3 persone, S.n.c. o S.r.l., magari con un euro fintamente versato di capitale sociale.

Le assicurazioni di queste aziende sono ridicole, coprono solo quando il manutentore è nella tua azienda e non dopo.

Se ti becchi una multa, sono problemi tuoi.

Se scoppia un incendio e l'impianto non va, il tuo capannone brucia e sono problemi tuoi.

Certo, dopo magari l'imprenditore se ne viene fuori che vuole fare rivalsa contro il manutentore. Ma non prenderà mai un euro, proprio perché l'assicurazione del manutentore è quella che costa meno possibile tendenzialmente, non coprirà niente se non quando è in azienda e casca un estintore su una mattonella. L'imprenditore non ha appigli e così, come sempre, paga di tasca sua.

Poi sai benissimo che la tua assicurazione controlla il registro, vuole sapere se gli impianti funzionavano regolarmente e sai ancora meglio come va a finire.

Magari il danno è di 500.000 euro, ne offrono 130.000 e si apre "il mercato del pesce".

È così in Italia. In un paese normale, invece, le compagnie assicurative ti mandano a casa gli ispettori a sorpresa, che ne sanno più del tuo manutentore. Controllano l'impianto, guardano le carte, controllano la manutenzione fatta e se c'è qualcosa che non va sospendono la polizza. Ma se succede qualcosa ed è tutto in regola, entro 10 giorni danno i soldi.

Qui in Italia non è così, non viene nessuno a controllare. Sei l'unico responsabile e se succede qualcosa rimani col cerino in mano, da solo a leccarti le ferite. Nessuno ti darà niente.

A questo punto, perché il nostro è un sistema protetto? Perché ho dato per scontato che prima o poi qualcosa si sbaglierà, è normale. Il manutentore può sbagliare qualcosa, è umano e ci possono essere 1000 inconvenienti. Così, mi sono fatto fare una polizza speciale, che non si trova sul mercato, è una novità assoluta in questo campo. È simile a quella tipica degli ingegneri strutturali dei test, che devono tutelare chi costruisce qualcosa nelle professioni, specialmente nelle megastrutture. È una polizza simile a quelle, ma io l'ho adattata al mondo dell'antincendio.

Offre in pratica una garanzia dalle sanzioni.

Se hai il *Sistema Manutenzione Protetta*®, vengono gli ispettori, trovano una difformità e fanno una multa, tu non la paghi. Perché? Perché noi siamo assicurati e te la paghiamo noi.

Wow! Hai capito bene? La paghiamo noi!

È un tipo di assicurazione unica nel suo genere. Sono riuscito a farla grazie a un lungo storico positivo dell'azienda, avendo sempre avuto negli anni pochissimi incidenti e multe e, soprattutto, una lunga fila di clienti soddisfatti, che sono ormai con noi da anni e anni. Questo mi ha permesso di avere un rischio bassissimo, tanto da poter stipulare questo tipo di polizza.

Ovviamente ci sono dei paletti, perché se ti ho detto di cambiare la porta perché è marcia e non lo fai, beh è colpa tua. Ma se io non sono venuto alla semestralità oppure se ho fatto qualcosa non conforme, allora sei protetto 100% dalla sanzione, ed è tutto scritto nero su bianco nel contratto. Non ci tiriamo indietro, non abbiamo nulla da nascondere.

Dove tutti gli altri si nascondono, ti fanno le truffe, fanno finta di far manutenzione e in caso di problemi poi si dileguano, noi facciamo proprio il discorso inverso.

Ti garantisco così tutto quello che faccio. Una cosa del genere non la fa nessuno, perché l'assicurazione effettivamente costa tanto.

#17

Ma, come ti ho detto, me la sono fatta fare in virtù di uno storico di eventi mai successi in trent'anni di attività. So bene il rischio che mi prendo e sono piuttosto sicuro di evitarlo. Questo è un valore aggiunto fondamentale.

L'assicurazione poi copre anche i danni da incendio alla tua struttura. Cioè, se il tuo impianto sprinkler non funziona perché ci sono stati dei problemi di manutenzione, io sono assicurato e tu con me. Lo faccio per te, lo faccio per far sì che siamo più tranquilli tutti e due.

Ho pensato a tutte queste eventualità e ti pago i danni materiali in caso di un mio errore. Brucia metà capannone per colpa mia e ti copro i danni. Ovviamente nei limiti dei massimali che sono ben chiari; però quantomeno c'è qualcosa che ti va a tutelare, perché siamo professionisti, ma possiamo anche sbagliare.

Inoltre, puoi vederla anche in un'ottica di un investimento. La tua attività avrà sicuramente una polizza incendi; se farai vedere la nostra polizza al tuo assicuratore, potresti anche ottenere uno sconto sulla tua polizza incendi, è già successo con dei clienti, questo perché siamo talmente sovrassicurati che alla tua assicurazione abbattiamo quasi completamente il rischio.

Questo pacchetto l'ho chiamato *Sistema Manutenzione Protetta*®. Al momento, sto creando anche un progetto di franchising, con cui sto espandendo questo sistema piano piano dalla Toscana in tutta Italia. Quindi, anche se sei un cliente che ha più sedi, magari in regioni diverse, stai con le antenne dritte e iscriviti alla newsletter. Presto saremo presenti anche in altre parti d'Italia e faremo un lavoro unificato, procedure unificate, garanzia unificata, in pratica un nostro clone in tutt'Italia.

Mi rivolgo, in questo momento, non solo agli imprenditori, ma anche agli amministratori di enti locali, di comuni e di condominio. Vogliamo dare una svolta alla gestione antincendio nelle attività dove vanno i nostri figli, al lavoro, dove vanno i nostri amici e i nostri cari, perché se succede qualcosa le persone muoiono!

Attualmente, non esistono in Italia altre aziende con queste garanzie, attività e storia. Posso dire tranquillamente che siamo unici sotto quest'aspetto e oggi per te questo è un vantaggio competitivo che non puoi ignorare.

A questo punto, voglio essere estremamente sincero con te. Per prima cosa, devi andare sul sito **www.manutenzioneantincendiodaincubo.com** dove troverai la pagina per scaricare le check-list di sorveglianza.

Fornendomi la tua e-mail potrai avere questo bonus e restare aggiornato. Tranquillo, anche se non sei cliente, ti aggiorno su quello che sta succedendo e sulle novità normative che impattano sulla tua azienda.

Scarica le risorse gratuite e poi sul sito **www.antincendionatalini.com** avrai la possibilità di compilare un questionario. Sarai messo in coda per un check con il nostro commerciale, con cui iniziare intanto a mettere a fuoco tutti i problemi, dove stai avendo difficoltà e capire se stai rischiando multe o penali.

Ma abbiamo ovviamente un sistema limitato. Abbiamo tanti clienti, molti storici, cerchiamo di risolvere i problemi e accontentare tutti, ma i manutentori non li trovo sugli alberi e nemmeno sotto i sassi. La gente non viene gratis ed è un problema creare manutentori da zero, così come è un problema trovarli già formati. Le nostre risorse sono limitate. Ogni sopralluogo è programmato, c'è una lista d'attesa.

Tutto questo prima lo fai, meglio è, perché se hai un impianto antincendio fuori uso o non a norma, oppure hai un certificato prevenzione incendi non rinnovato o devi farlo, sei in pericolo. Forse è il caso, specialmente in questi tempi, di non rischiare ulteriormente. Il mio consiglio è di prendere in mano, fin da subito, la gestione della sicurezza antincendio per migliorala, prendendo atto di quello che non va per sistemarlo.

STEFANO MINUTI

Dai rapporti di lavoro intrattenuti con questa azienda, posso sinceramente affermare di aver avuto a che fare con personale serio, professionale e disponibile. Sicuramente da consigliare!

SIMONESILVIA LUNGHIGUASTI

Una grande azienda dove la puntualità e la disponibilità regnano sempre sovrane!

BO♂
NUS

Ho un regalo per te, anzi più di uno!

#bonus

Check-list di autocontrollo

Arrivato a questo punto, puoi dire di saperne davvero di più sulla sicurezza antincendio. Certo sì, ma solo in teoria. Che ne dici di mettere in pratica quello che hai imparato? Non montarti la testa, non sei diventato un manutentore, ma potresti cominciare a eseguire la sorveglianza antincendio sui tuoi impianti e attrezzature antincendio. Vai sul sito del libro www.manutenzioneantincendiodaincubo.com, compila il form e scarica le check-list di autocontrollo che ho preparato per te. Troverai tutti gli elementi da controllare passo per passo e i vari passaggi. Così, se troverai delle anomalie, potrai contattarmi per procedere alla risoluzione dei problemi.

Il C.S.A., il nostro Check up Sicurezza Antincendio

Ora che sai come funzionano gli impianti, se deciderai di scaricare le check-list di autocontrollo, potrai passare alla parte pratica. A questo punto, potresti scoprire che magari qualcosa non va nei tuoi impianti, e forse la colpa è proprio del tuo manutentore. Se pensi che qualcosa non vada, vai sul nostro blog e compila il form, chiama il numero verde **800 363372** o scrivi un'e-mail a natalini@antincendionatalini.com e richiedi il C.S.A., il Check up Sicurezza Antincendio. Sarai contattato da un nostro tecnico per una consulenza telefonica o un sopralluogo in azienda.

Coupon di sconto del 10% sul tuo prossimo acquisto di materiale antincendio

Se vuoi diventare nostro cliente, hai l'occasione unica di sfruttare uno **sconto del 10%** sul primo acquisto di attrezzature antincendio, come estintori o cartellonistica, semplicemente inserendo il **codice sconto** che troverai sul sito del libro, in alternativa puoi anche comunicarlo al tecnico al momento della consulenza.
Non perdere quest'opportunità, tutti questi bonus hanno un valore di oltre mille euro e, se usi bene lo sconto, anche molto di più, non male per aver acquistato un libro da pochi euro, no?

Ma ricorda, la tempestività è tutto perché non sai mai quando potrebbero farti un controllo e di sicuro non sai se succederà qualcosa in azienda. Io spero per te che non succeda mai, ma in ogni caso vorrei tu fossi preparato ad affrontare tale eventualità.

#bonus

E ora, come devi usare i materiali che ti ho dato? Sicuramente puoi usarli in proporzione ai tuoi impianti. Ho volutamente adottato un registro tecnico ma non troppo, perciò puoi usare i vari capitoli per capire cosa sia stato fatto nei tuoi sistemi di sicurezza, controllando ad esempio se sono stati seguiti i passaggi giusti o se ti manca qualche documento. Questo puoi farlo eseguendo un'autoispezione sui tuoi impianti. Sappi che adesso ne sei tranquillamente in grado, pur non essendo un tecnico, perché a questo punto ne sai più di molte altre persone su questo argomento. Puoi, quindi, eseguire in completa autonomia un check sui tuoi impianti antincendio e fare il punto della situazione.

Se dopo aver effettuato questi controlli in prima persona ti rendi conto di avere dei problemi in azienda, non esitare a contattarci. Vai su **www.antincendionatalini.com** per agire di conseguenza. Per adesso, diamo copertura territoriale sulle nostre province, ma a breve potrai rivolgerti ai nostri affiliati in tutta Italia.

Gruppo pubblico: **Gruppo Antincendio Natalini**

Pagina: **Antincendio Natalini**

Canale YouTube: **Antincendio Natalini**

CONCLUSIONE

#bonus

A TE LA SCELTA, CAPITANO!

Caro e coraggioso imprenditore, se sei arrivato fino a questo punto, ti ringrazio e ti faccio anche i miei complimenti, perché immagino che l'argomento sia tra i più noiosi sulla faccia della Terra. Tutta questa storia dell'antincendio, infatti, non è assolutamente parte del tuo mondo.

Adesso, sei di fronte a un bivio, è arrivato il momento di scegliere: ignorare quanto letto finora e continuare per la tua strada oppure fare tesoro delle informazioni che hai trovato in questo libro e usarle come punto di partenza per iniziare a guardare con un'ottica diversa la tua azienda.

Se decidi di non dare credito e peso a quello che hai letto fino a questo punto, sei libero di farlo e comunque ti ringrazio, ma se fin dalle prime pagine una vocina dentro di te ha iniziato a farsi sentire sempre più forte e ha iniziato a farti venire mille dubbi riguardo all'operato dei precedenti manutentori o addirittura in ambito antincendio temi di non sentirti al sicuro allo stato attuale, sappi che il mio obiettivo era solo quello di aprirti un po' di più gli occhi.

Ti parlo col cuore in mano se ti dico che troppi imprenditori oggi hanno dovuto svegliarsi bruscamente dal "sonno" della sicurezza, e purtroppo molti lo hanno fatto a suon di multe e denunce, per non parlare poi dei casi limite di incendi in cui sale alla mente un solo pensiero: "Forse si poteva evitare".

Ho scritto questo libro affinché la storia non si ripeta anche con te. Corri ai ripari oggi, tutelati adesso, non aspettare che accada qualcosa di brutto per scoprire poi con un controllo che non avevi nulla per cui stare tranquillo.

Il mio obiettivo non era e non sarà mai quello di spaventarti o metterti ansia, il lavoro che fai ha già il suo carico di stress e notti insonni, al contrario, considera questa lettura come un'opportunità per indirizzare la tua azienda verso la giusta e sicura direzione.

La scelta è tua, sei tu il capitano della tua nave. Allora, a questo punto, come continuerai la navigazione? Calcolerai davvero i rischi e provvederai a tutelarti o ti comporterai da un ignaro mercenario che vive alla giornata? A te la scelta, capitano!

www.ingramcontent.com/pod-product-compliance
Lightning Source LLC
Chambersburg PA
CBHW070618220526
45466CB00001B/37